Bibliografische Information der Deutschen Nationalbibliothek:

Die Deutsche Bibliothek verzeichnet diese Publikation in der Deutschen National-
bibliografie; detaillierte bibliografische Daten sind im Internet über http://dnb.d-
nb.de/ abrufbar.

Impressum:

Copyright © 2018 GRIN Verlag
Druck und Bindung: Books on Demand GmbH, Norderstedt Germany
ISBN: 9783668778771

Dieses Buch bei GRIN:

https://www.grin.com/document/434961

Laurino Lucca Amos

Das Haushuhn. Sektion eines Huhnes, Betrachtung der Organe, Zusammenbau des Skeletts, Video eines laufenden Hühnerskeletts (11. Klasse)

DAS HAUSHUHN

Sektion eines Huhnes, Betrachtung der Organe,
Zusammenbau des Skeletts, Video eines
laufenden Hühnerskeletts

LAURINO LUCCA AMOS

Atelierportfolio Biologie

Schwerpunktfach Biologie & Chemie

Atelierschule Zürich

2017/2018, 11. Klasse

INHALTSVERZEICHNIS

1. EINLEITUNG   2

2. MEIN PROJEKT-Beschreibung und Zielsetzung   2

3. MEIN PROJEKT-Protokolle   3

3.1. Vorbereitung   4

3.2. Äusserliche Betrachtung   4

3.3. Öffnung des Huhns (und Entfernung Brustmuskeln/ Brustbein)   7

3.4. Organentnahme   10

3.5. Betrachtung des Legedarms und des Herzens   14

3.6. Öffnung des Herzens, der Weg des Blutes und der Herzmuskel   16

3.7. Säuberung der Knochen   18

    3.7.1. Erste Entfernung der Haut, Muskeln etc. von den Knochen   18

    3.7.2. Entfernung der Haut an den Füssen   20

    3.7.3. Kochen der Knochen und Entfernung der Reste   20

    3.7.4. Fertigstellung Handknochen und Entfernung d. Reste (Beine)   22

    3.7.5. Fertigstellung der Beine und weitere Arbeit am Schädel   23

    3.7.6. Fertigstellung des Schädels   23

    3.7.7. Fertigstellung der Wirbelsäule   24

3.8. Betrachtung des Magen-Darm-Traktes   25

3.9. Zubereitung eines Grillhähnchens und Freilegung des Skeletts   29

3.10. Fertigstellung des Rumpfes und erster Zusammenbau des Skeletts   30

3.11. Freilegung der Knochen des dritten Huhnes/ Ersatzteile   32

3.12. Weiterer Zusammenbau und Fertigstellung des Skeletts   33

3.13. Das Erstellen der Poster   37

3.14. Das Erstellen eines Videos/ Animation des Hühnerskeletts   39

4. REFLEXION ÜBER DIE ATELIERZEIT   42

5. QUELLEN   44

1. EINLEITUNG

Biologie ist die Wissenschaft von den Lebewesen. Um eine Wissenschaft zu «erlernen», um Zusammenhänge wahrzunehmen und zu erkennen, um die Dinge beim Namen nennen zu können und Sichtbares wie auch Unsichtbares erklären zu können, muss man sich zuerst einmal die Theorie aneignen, Fachbegriffe auswendig lernen aber auch komplexe Vorgänge und Zusammenhänge gedanklich durcharbeiten.

Für mich ist Biologie aber viel mehr. Biologie ist dadurch interessant, da sie uns alle betrifft. Sie ist in uns und umgibt uns. Wir können sie wahrnehmen. Wahrnehmen bedeutet für mich neben Anschauen auch Anfassen. Darum ist für mich das Biologieatelier die perfekte Ergänzung zum mehrheitlich theoretischen Fach Biologie an unserer Schule. Im Biologieatelier kann ich mit Hilfe der Theorie selber praktische Erfahrungen und Erkenntnisse gewinnen.

Als ich mir das Biologieatelier vorgestellt habe, dachte ich sehr oft an die Sektion eines toten Lebewesens. Die Vorstellung, dass ich ein Lebewesen sezieren darf und mir dadurch ein Einblick ins Innere und die Betrachtung der Organe gewährt wird, faszinierte mich. So entschied ich mich sehr schnell dafür, etwas im Bereich Anatomie der Tiere zu tun und kam so letzten Endes auf mein Projekt: «Das Haushuhn». Frau Wunderlin erklärte mir, dass sie ein Huhn, welches vom Fuchs getötet wurde, im Gefrierfach hätte und dass sie mir dieses zur Verfügung stellen würde. Somit waren die Voraussetzungen für mein Projekt gegeben und ich konnte beginnen.

2. MEIN PROJEKT-Beschreibung und Zielsetzung

In der ersten Atelierwoche erarbeitete ich mir ein Konzept, nach welchem ich meine weiteren Arbeitsschritte ausrichten würde:

Mein Projekt beinhaltet die **äussere Betrachtung** des toten Huhnes, die **Sektion** bzw. das Aufschneiden des Huhnes und anschliessende **Betrachtung der Organe**. Danach werde ich die Organe entnehmen und jeweils einzeln angemessen betrachten (evtl. Mikroskop, weitere Sektion usw.). Ausserdem versuche ich anhand des Sichtbaren und der Theorie die Abläufe in und zwischen den Organen zu begreifen und wiederzugeben. Diese Arbeitsschritte werde ich schriftlich und auch fotografisch festhalten und aus dem daraus resultierenden Material informative **Poster** und das **Portfolio** erstellen. Ausserdem beinhaltet mein Projekt die anschliessende **Säuberung der Knochen** und deren **Zusammenbau zu einem kompletten Hühnerskelett**. Da durch das Aufschneiden des Brustraumes einige Knochen kaputt gehen, werde ich noch Ersatzknochen aus einem weiteren Huhn hinzuziehen müssen.

Da ich die Knochen schneller als erwartet zusammengebaut hatte, wird mein Projekt um folgenden Punkt ergänzt: Mithilfe eines Fotos des Skeletts, versuche ich die Bewegungsabläufe des Huhnes zu verstehen und anschliessend filmisch zu animieren. Das Resultat sollte das **Video eines laufenden Hühnerskeletts** sein.

Dieser Beschreibung des Projekts entsprechend, setze ich mir und meinem Projekt folgende Ziele:

<u>Meine anfänglichen Ziele waren:</u>

1-Eine sorgfältige **Sektion** des Huhnes mit vorausgehender **äusserlicher Betrachtung**,

2-Eine **Betrachtung der Organe**, aus welcher, zusammen mit dem Aneignen der Theorie, ein Verständnis der Abläufe in und zwischen den Organen erfolgt,

3-Eine sorgfältige **Säuberung der Knochen** und der **Zusammenbau des Skeletts**,

4-Das Erstellen eines oder mehrerer informativer **Poster**, auf welchen theoretisches Wissen und Fotos meiner Arbeit gemeinsam einen sichtbaren Zusammenhang herstellen und anderen Personen (am Atelierfest) die Abläufe in und zwischen den Organen näherbringt.

<u>Mein zusätzliches Ziel ist:</u>

5-Das Erstellen eines **Videos**, in welchem mit Hilfe eines animierten Fotos des Hühnerskeletts die Bewegungsabläufe des Huhnes sichtbar werden.

<u>Erweiterungsmöglichkeit:</u>

Eine zusätzliche Erweiterungsmöglichkeit wäre der Bau eines rechteckigen Rahmens, in dem eine Folie gespannt ist. Auf dieser Folie wäre dann die Skizze bzw. der Umriss eines lebendigen Huhns. Wenn man dann das Skelett hinter dieser Folie platzieren würde, sähe man die Umrisse des lebendigen Huhns um die Knochen des toten Huhns herum.

3. MEIN PROJEKT-Protokolle

Der nachfolgende Teil dieses Portfolios beinhaltet eine genaue Beschreibung und Dokumentation der einzelnen Arbeitsschritte, meine Erfahrungen und Erkenntnisse, dazu passende Fotos und die dazugehörige Theorie. Ausserdem versuchte ich Gedankengänge und auch Probleme miteinzubeziehen.

Da es ein praktisches Projekt ist, beschränkt sich die Theorie auf einzelne Arbeitsschritte bzw. auf einzelne Organe. Ich habe versucht, die Theorie komplett in meine Arbeitsdokumentation miteinzubeziehen, deshalb gibt es keine separate Theorie-Kapitel.

3.1. Vorbereitung (25.bis 27.10.17 & 01. bis 03.11.17)

In den ersten beiden Wochen des Biologieateliers mussten wir erst einmal ein eigenes Projekt finden, das zum einen den Anforderungen für ein Biologieprojekt gerecht werden und zum anderen auch mir selbst gefallen musste. So entschied ich mich letzten Endes für mein Projekt «Das Haushuhn». Mit Frau Wunderlin ging ich dann grob den Projektplan durch (siehe 1. EINLEITUNG und 2. MEIN PROJEKT-Beschreibung und Zielsetzung). In dieser Zeit der Vorbereitung ging ich auch mit zwei Mitschülern in die Zentralbibliothek Zürich und fand dort ein Buch über Vögel, welches ich gut für den theoretischen Teil dieses Projektes benutzen kann.

In der zweiten Woche las ich mich in das Buch ein, welches mir Frau Wunderlin zur Verfügung stellte («Leitfaden für das Zoologische Praktikum»). In diesem Buch ist neben theoretischem Wissen auch die Anleitung für die Präparation des Huhns relativ gut verständlich nachzulesen. Ich fand es sehr wichtig, dass ich, wenn das Huhn dann vor mir liegt, schon weiss, um was es geht und was zu tun ist. Ausserdem bereitete ich alles vor, was ich dann für die nächste Woche brauchte: eine Präpariewanne mit Paraffinboden, die Box mit den Präparierwerkzeugen (Scheeren, Skalpelle und Pinzetten) und die Bücher.

3.2. Äusserliche Betrachtung (Mi. 08.11.17)

Ich ging etwa eine halbe Stunde vor Atelierbeginn zu Frau Wunderlin ins Lehrerzimmer und holte das Huhn ab. Ich wollte möglichst viel Zeit haben, da die Präparation sehr schnell gehen muss, weil das Huhn nach ein paar Tagen zu stinken beginnt. Da es aber noch gefroren war, konnte ich das Huhn nicht öffnen und so blieb mir vorerst nur die äusserliche Betrachtung.

Ich packte das Huhn aus den Tüchern und Plastiksäcken aus und legte es in die Präparierwanne, danach begann ich mit der Betrachtung. Ich betrachtete den Kopf des Huhns und legte den Fokus auf den Schnabel, die Ohren und die Augen.

Die Augen sind von einem nackten Hautring umgeben. Um das Auge zu öffnen, benutzte ich meine Finger und eine Pinzette. Das Interessante an den Augen eines Huhnes ist die Nickhaut, welche sich im inneren Augenwinkel befindet. Die Nickhaut konnte ich mit der Pinzette über das Auge ziehen. Die Nickhaut schützt die Hornhaut vor mechanischen Einflüssen und kann wie ein Scheibenwischer eingesetzt werden, um Schmutz zu entfernen. Ausserdem ist sie für die Verteilung der Tränenflüssigkeit verantwortlich.

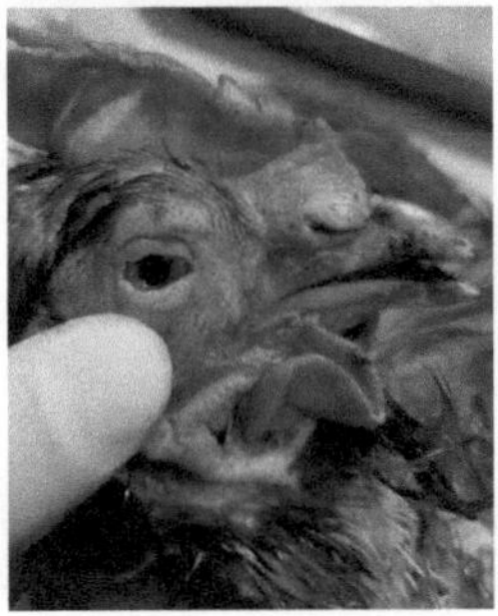 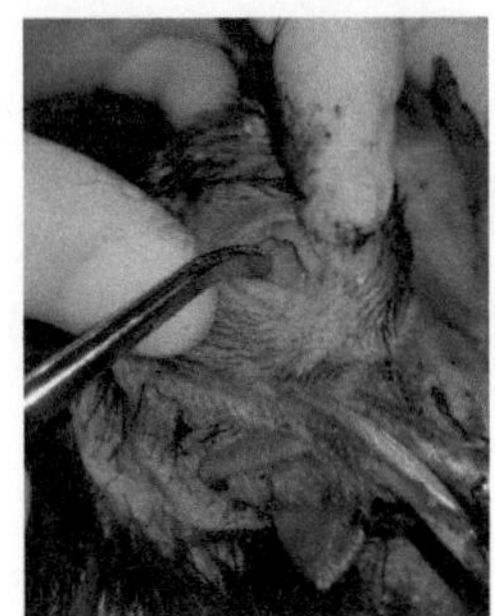

Hinter den Augen befinden sich die Öffnung des äusseren Gehörganges. Danach betrachtete ich den Schnabel, der von einer harten Hornscheide überzogen ist. Links und rechts befinden sich auf dem Oberschnabel zwei Schlitze, die Nasenlöcher. An dem hinteren Oberschnabel und Kopf sitzt der Kamm auf. Dieser fleischige Hautlappen ist charakteristisch für unsere Haushühner.

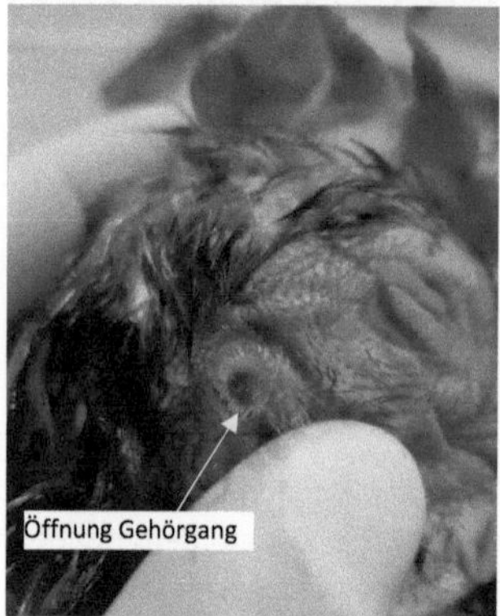

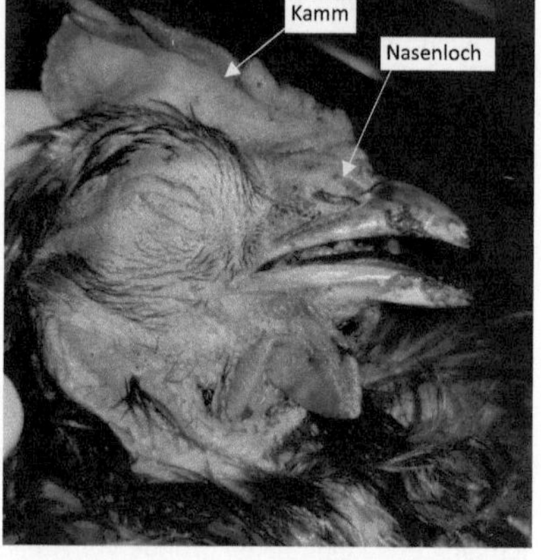

Danach öffnete ich mit der Pinzette und meinen Fingern den Schnabel. Da er leicht mit Blut verklebt war, dachte ich erst, dass es nicht ging, dann liess er sich plötzlich öffnen und ich sah ins Innere des Schnabels und konnte die Zunge sehen.

Danach betrachtete ich die Beine und Füsse. Sie sind zwei der wenigen Stellen, die keine Federn haben. Die Vorderseite der Beine ist mit quergestellten Hornscheiben bedeckt (Diese erinnern an den Bau von Reptilien). Die Hinterseite ist hingegen mit einem etwas weicherem Hornüberzug bedeckt, welcher in netzförmige Felder gegliedert ist. An den Beinen befinden sich drei nach vorne gerichtete Vorderzehen und eine nach hinten gerichtete Hinterzehe. An jeder Zehe ist am Ende ein gebogener Nagel sichtbar. Wenn ich das Bein am Gelenk bog, zogen sich die Zehen leicht zusammen.

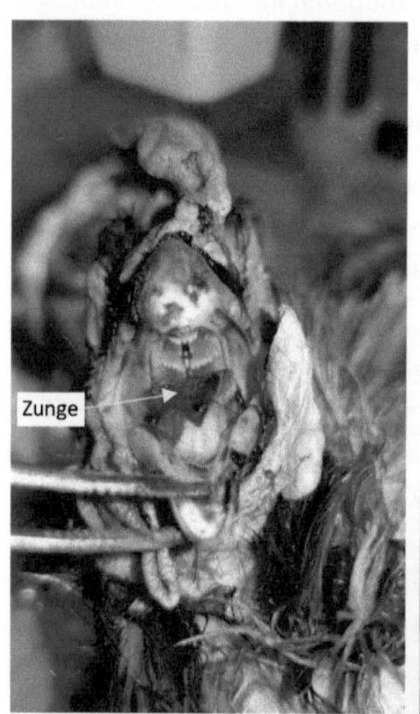

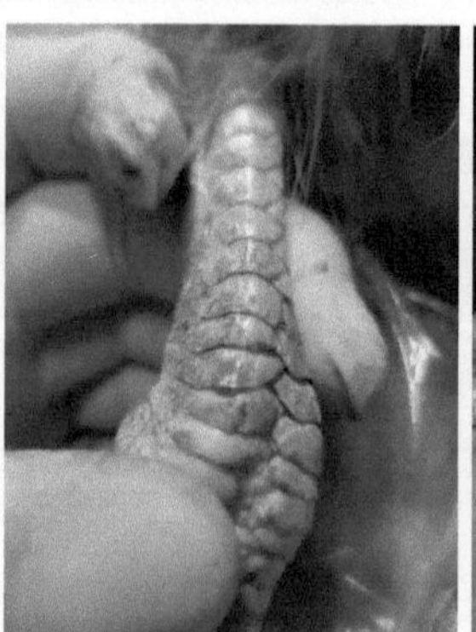

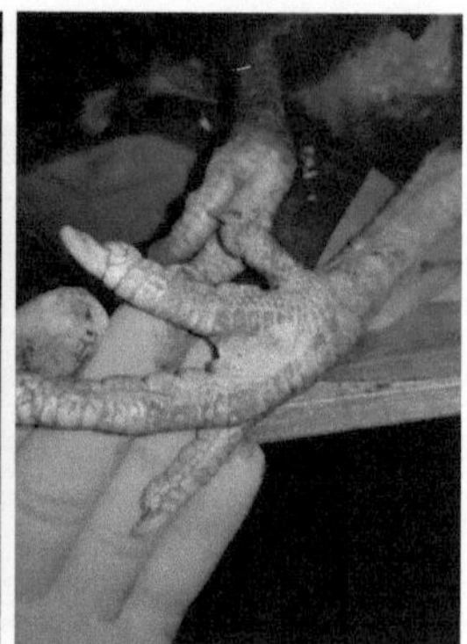

Ausserdem betrachtete ich noch die Federn. Es gibt zwei Typen von Federn: die grösseren, steiferen Deckfedern (auch Konturfedern genannt) und die kleineren, weicheren und gekräuselten Flaumfedern, die darunter liegen. Die Schwungfedern des Flügels und die Steuerfedern am Schwanz sind besonders grosse Konturfedern. Leider wurden die Federn des Flügels abgeschnitten. Normalerweise wären ca. zehn lange Handschwingen an der Hand befestigt und weitere elf bis 15 Armschwingen am Unterarm befestigt, gefolgt vom Schulterfittich. Die Basis der Schwungfedern bedecken kleinere Deckfedern. Am Schwanz sind es ca zwölf bis 16 Steuerfedern. Die Deckfedern sind nicht gleichmässig über den Rumpf verteilt, sondern sie sind auf bestimmten Zonen (Fluren) angordnet, zwischen denen auch federlose Stellen sind.

Ich rupfte eine Deckfeder und eine Flaumfeder raus und schaute sie unter dem Binokular an.

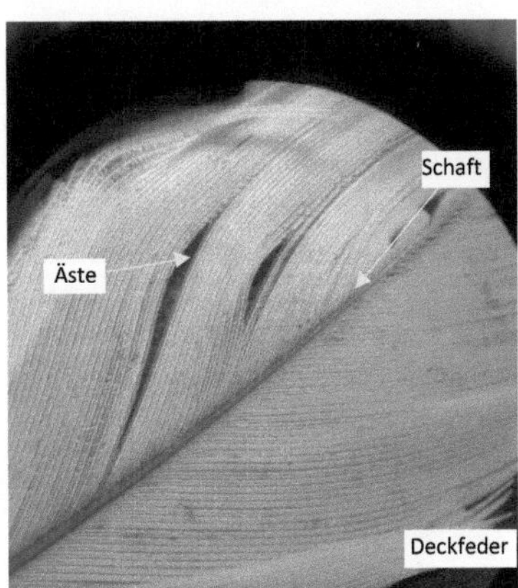

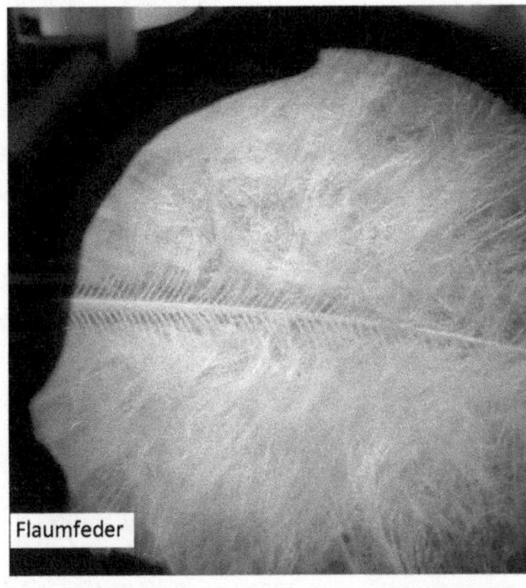

Bei Federn unterscheiden wir zwischen zwei Teilen. Es gibt den Achsenteil, welcher aus der Spule (der Teil, der in die Haut eingesenkt ist) und dem Schaft besteht und die daran ansitzenden Äste. An den Ästen wiederum setzen die kleinen Nebenäste an. Die Nebenäste von zwei Nachbarästen «verhaken» sich ineinander, sodass es ein bisschen Kraft brauch, um sie zu trennen (Jedes Kind hat dies sicherlich schon einmal getan und dann festgestellt, dass es nicht mehr zusammengeht und die Feder jetzt nicht mehr schön ist).

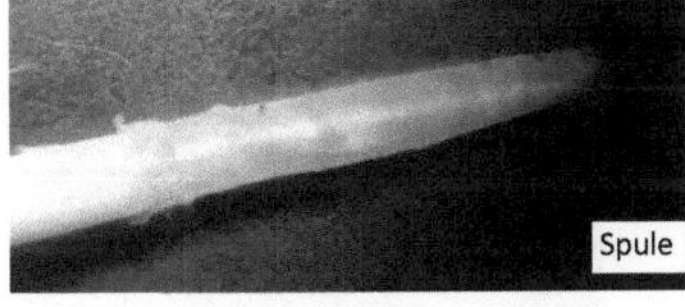

Während ich eine Feder am Schwanz ausriss, fiel ein Hautzipfelchen, die Bürzeldrüse auf. Da ich zuvor über sie im Buch gelesen hatte, war sie mir bekannt. Das Sekret der grossen, zweilappigen Bürzeldrüse oberhalb des Schwanzes wird zum Einölen der Federn verwendet.

3.3. Öffnung des Huhns und Entfernung der Brustmuskeln und des Brustbeins (Do. 09.11.17)

Am nächsten Tag holte ich das Huhn wieder aus dem Kühlschrank. Nun war es aufgetaut und ich konnte mit der Präparation beginnen. Ich befestigte das Huhn mit Nadeln an den Flügeln im Paraffinboden der Präparationswanne.

Als Erstes versuchte ich, mit einem Strohhalm Luft in die Lunge des Huhnes zu blasen, was mir jedoch nicht gelang, da die Luft durch die Verletzung des Huhns am Hals entwich. So versuchte ich am Hals durch einen Schnitt an die Luftröhre zu gelangen, jedoch klappte auch das nicht, da ich die Luftröhre zuerst nicht fand. Somit verschob ich das «Aufblasen» und begann mit der Präparation.

Zuerst hob ich mit der Pinzette die Haut über dem Brustbein an und Schnitt mit dem Skalpell einen kleinen Schnitt in die Haut. Mit der Schere führte ich diesen Schnitt zuerst bis zur Kloake (Einheitsöffnung, in die Verdauungs-, Geschlechts-, und Exkretionsorgane münden) nach unten, danach bis zum Schnabel nach oben weiter. In der Gegend des Kropfes musste ich besonders vorsichtig arbeiten, da dort der Kropf verletzt werden könnte. Dann konnte ich die Haut nach links und rechts hin zur Seite klappen und dabei immer wieder ein paar «Häutchen» durchtrennen oder abpräparieren. Nun konnte ich zum einen im Hals die Luftröhre mit Knorpelspangen und die Speiseröhre erkennen und zum andern konnte ich einiges im Brust- und Bauchraum erkennen. Oben konnte ich den gefüllten Kropf sehen, darunter das markante Brustbein, an dem links und rechts die Brustmuskeln befestigt sind.

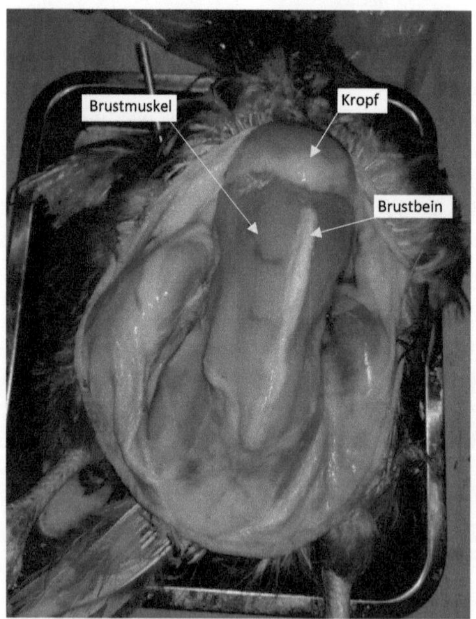

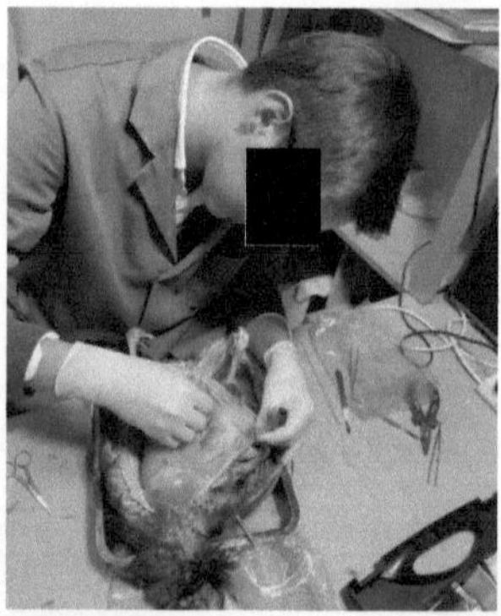

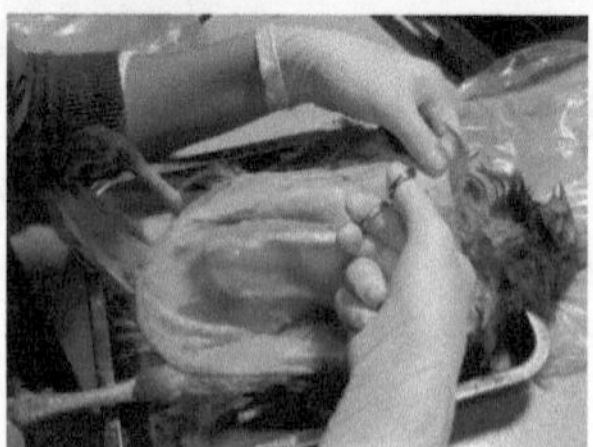

Da ich nun die Luftröhre gut sah, konnte ich mit dem Strohhalm Luft durch die Luftröhre pusten, die dann in die Lunge ging und den Brustmuskeln und Brustbein anhob. Das Entweichen der Luft liess die Brust wieder senken. Hierbei war mir Frau Wunderlin behilflich.

Nun ging ich streng nach Anleitung des Buches vor. Ich schnitt zuerst links (von mir aus gesehen) neben dem Brustbein einen Schnitt mit dem Skalpell in den rechten (von mir aus gesehen links) Brustmuskel, bzw. einen Schnitt zwischen Brustmuskel und Brustbein. Dieser Brustmuskel ist der «Musculus pectoralis major», er wirkt als Herabzieher des Flügels. Ich schnitt nun den rechten grossen Brustmuskel vorsichtig entlang des Brustbeins ab. Er ist ca. 1cm dick, darunter liegt dann der kleinere «Musculus pectoralis minor». Er ist der Flügelheber.

Hier muss man wirklich besonders vorsichtig sein, da die Lunge von Vögeln sich dem Flug angepasst hat und sogenannte Luftsäcke besitzt. Diese Luftsäcke sind Beutel, in die die Luft rein kann. Es gibt fünf dieser Luftsäcke, die sich zwischen den Eingeweiden und Muskeln ausbreiten und auch in das Skelett eindringen können. Nun hatte ich das grosse Glück, auf einen dieser Luftsäcke zu stossen, ohne dass ich ihn dabei oder zuvor schon zerstört habe. Durch erneutes reinpusten in die Luftröhre, wurde er mit Luft gefüllt und man erkannte ihn gut. Den grossen Brustmuskel drückte ich dann mit den Fingern zur Seite und präparierte ihn vom Brustbein und vom Musculus pectoralis minor ab. Dann konnte ich Gefässe (Armarterie und Armvene) erkennen. Eigentlich hätte man diese abbinden sollen, um starke Blutungen zu vermeiden, jedoch konnte ich keinen Faden finden und so tat ich es ohne Abbinden, was auch gut klappte, da es eigentlich gar nicht blutete.

Ich löste dann den grossen Brustmuskel auch vom Gabelbein und klappte ihn zur Seite. Auch die Sehnen waren zu erkennen. Mit einer Pinzette griff ich sie und ich versuchte durch Ziehen an der Sehne die Flügelbewegung zu erzeugen, was aber nur mässig funktionierte.

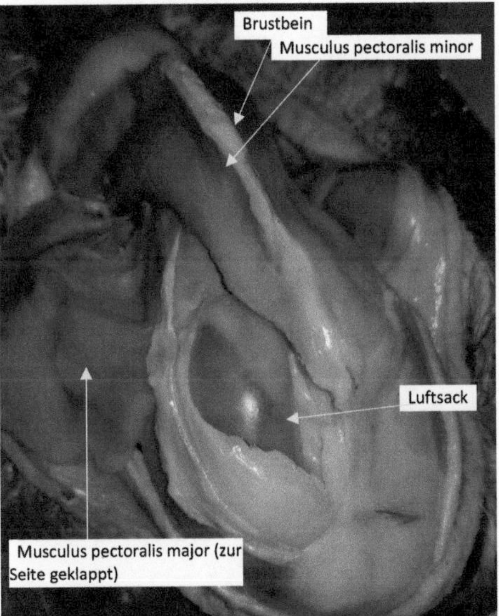

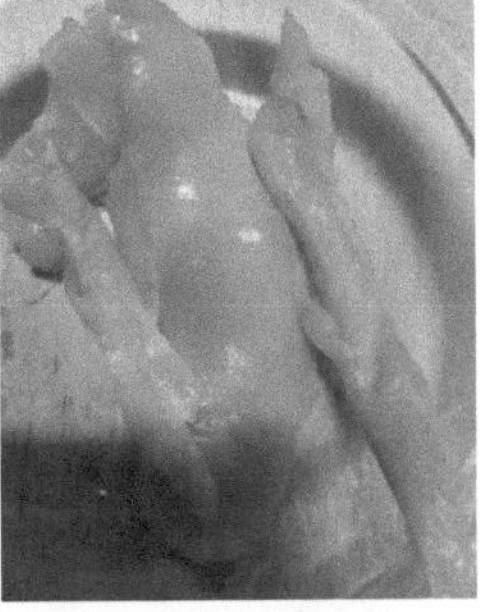

Danach entferne ich ebenfalls den kleinen Musculus pectoralis minor. Genau das gleiche machte ich auch auf der anderen Seite und so bedeckte am Ende nur noch das Brustbein die Innereinen.

Der nächste Schritt war die Entfernung des Brustbeines, was relativ schwer war, da man hier Knochen durchtrennen musste. Ich hob das Brustbein leicht an und schnitt dann in ca. 4-6 cm «Tiefe» von unten her durch die Rippen. Eigentlich sollte man sie an den Sternocostalgelenken durchtrennen, die beweglich sein sollten, jedoch konnte ich die richtige Stelle nicht finden und so durchschnitt ich die Rippen einfach dort, wo ich diese Gelenke vermutete.

Danach entfernte ich die Muskeln, die die beiden Rabenbeine und das Gabelbein bedecken. Dann hätte ich eigentlich die Eingelenkungen des Gabelbeins am Schultergürtel und die Rabenbeine am Schulterblatt lösen müssen. Dies klappte leider nicht so gut, aber mit etwas Kraft konnte ich die Knochen dann entfernen (Zuvor hatte ich schon die Arme an den Gelenken gelöst). Während diesen Arbeitsschritten musste man immer wieder einmal ein Stück Haut, Gewebe oder Muskel ablösen oder abschneiden, dies betrachte ich jedoch nicht als wichtig. So konnte ich schlussendlich das Brustbein entfernen und der Brust- und Bauchraum lag endlich frei.

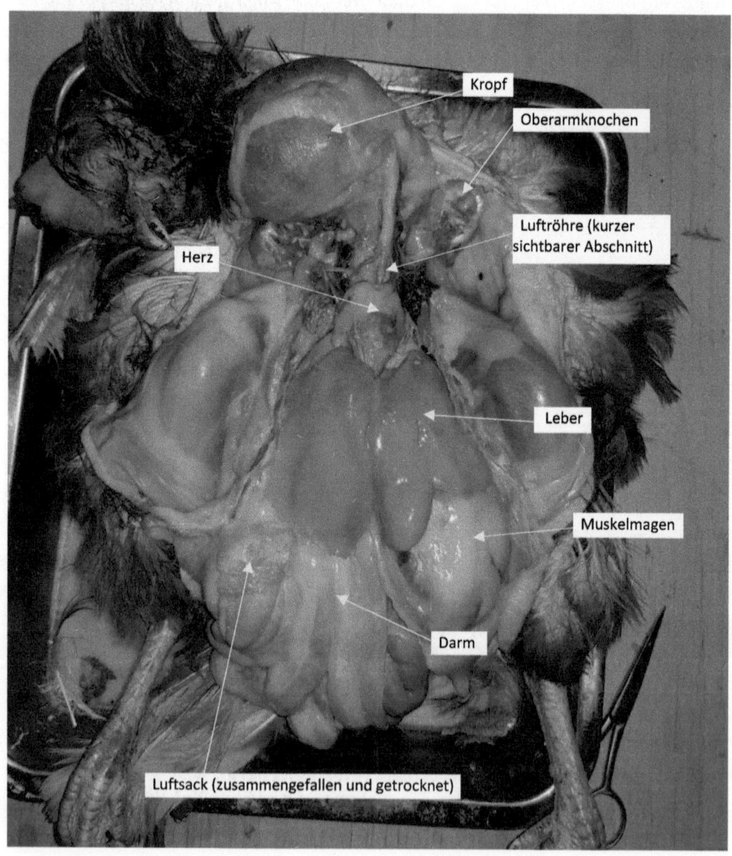

3.4. Organentnahme (Fr. 10.11.17)

Am nächsten Tag bemerkte ich, dass die Innereien, vor allem der Magen-Darm-Trakt langsam recht stark zu riechen begannen. Da ich jedoch mehrere Stunden den Geruch wahrnahm, merkte ich es fast nicht, aber einige meiner Kollegen rochen es und waren nicht so erfreut. Deshalb beeilte ich mich und entnahm an diesem Tag eigentlich alle Organe (zumindest die im Brust- und Bauchraum).

Ich las im Buch weiter. Dort wird jedoch einfach das Sichtbare und Einzelheiten zu den Venen und Arterien beschrieben (dies werde ich später, wenn es ums Herz geht auch nochmal erläutern), deshalb begann ich damit, das Herz herauszunehmen. Dazu entfernte ich vorsichtig das Perikard, von welcher das Herz überzogen ist, mit Schere und Pinzette. Dann durchschnitt ich die Venen und Arterien die ins Herz verlaufen. Dann konnte ich das Herz herausnehmen und in eine Petrischale legen.

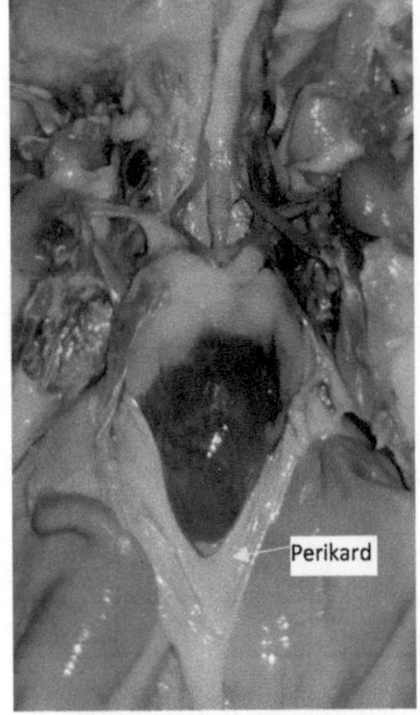

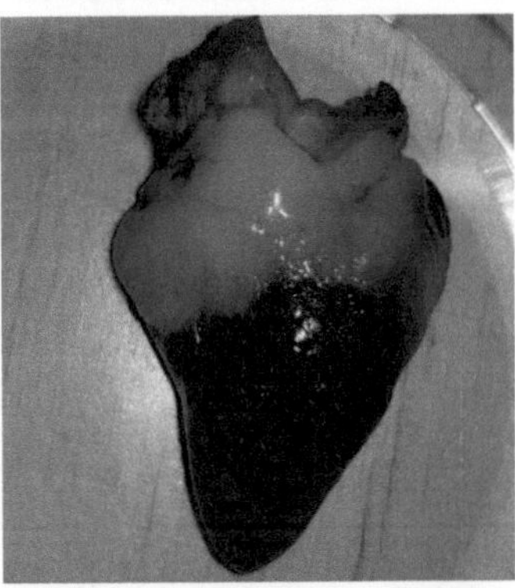

Unterhalb und hinter dem Herz liegt die Leber. Dieses braune Organ ist in zwei Lappen gegliedert. Einen grösseren rechten Lappen und einen kleineren linken Lappen. Der linke bedeckt einen Teil des Muskelmagens. Dann klappte ich den rechten nach oben und konnte die Gallengänge sehen, welche in den Zwölffingerdarm münden. Es gibt keine Gallenblase. Schlussendlich entfernte ich auch die beiden Leberlappen und legte sie in Petrischalen.

Die Leber ist ein sehr weiches Organ. Es kann sehr schnell reissen, deshalb musste ich vorsichtig sein, als ich es herausnahm.

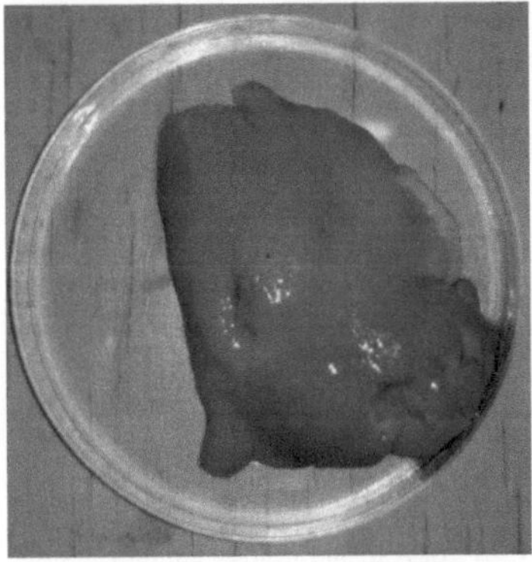

Nun waren der Darmtrakt und auch die Mägen gut sichtbar. Laut Anleitung sollte man mit der Untersuchung des Verdauungstraktes bei der Mundhöhle beginnen. Um besser reinschauen zu können, schnitt ich die Mundwinkel ein Stück weit auf. In der langen und weiten Mundhöhle liegt die Zunge. Die Zunge ist schmal und ein bisschen rau. Hinten umfasst sie die Hinterzungendrüse. Am Dach der Mundhöhle gibt es einen langen, schmalen Schlitz, welcher von Papillen (das was wie kleine Zähne aussieht) «bedeckt» ist. Dieser Schlitz ist die hintere Nasenöffnung («Choane»).

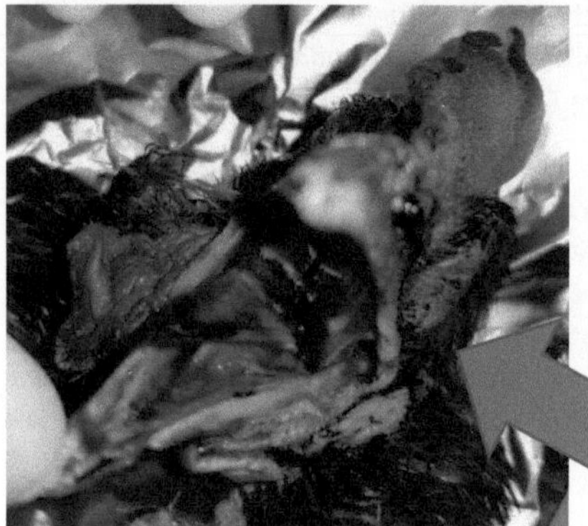

Die Speiseröhre mündet, bzw. erweitert sich in den Kropf. Nach diesem grossen, häutigen Sack folgt der Drüsenmagen welcher in den Mukelmagen mündet (All diese Organe werden später noch ausführlich behandelt). Danach kommt der Zwölffingerdarm, der eine Schlinge bildet. Dann folgt der mehrmals gefaltete und gewundene Rest des Dünndarms. Relativ am Ende des Dünndarms gibt es zwei recht lange Blinddärme. Der letzte Teil, das Rectum, mündet in die Kloake.

Eigentlich hätte ich nun den Darm bei der Kloake abbinden müssen, da ich aber keine Schnur hatte, schnitt ich ihn einfach so durch. Bei der Kloake befand sich eine rechte Menge Kot, den ich wegputze und entsorgte. Dann schnitt ich ebenfalls die Speiseröhre oberhalb des Kropfes durch und begann mit Schere und Pinzette, zuerst den Kropf, dann den Drüsen- und Muskelmagen und schlussendlich den Darm zu entfernen. Dies war recht schwer, da der Darm überall befestigt war und ich beim Durchtrennen immer aufpassen musste, dass ich nicht den eigentlichen Darm verletzte. Da der Darm selbst auch noch mit anderen Windungen von sich selbst verbunden ist, musste ich auch diese «Häutchen» noch trennen. Schlussendlich legte ich das gesammte Verdauungssystem auf Alufolie (leider spiegelt es auf diesem Bild).

Nun sah ich ein rosarotes weiches Organ (Legedarm) und oberhalb davon mehrere Kugeln Eigelb, wie man sie vom Ei zuhause kennt. Ich schnitt die Eigelbkugeln heraus und legte sie in eine Petrischale. Es waren sechs grosse und noch ein paar kleine die ich drinnen lies. Der dünne Schlauch, in dem sie sich befanden war kaum sichtbar. Die Stelle, wo die kleinen Eigelbkügelchen sind, ist das Ovar (Eierstock), ein traubiges Gebilde.

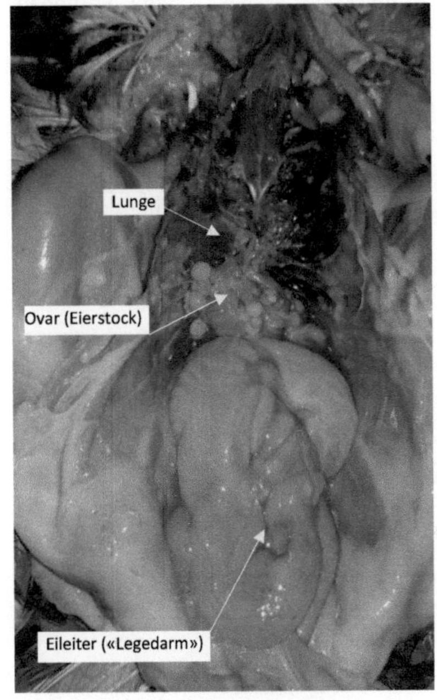

Der Legedarm (Eileiter) ist bei Vögeln jener Teil der weiblichen Geschlechtsorgane, in dem, um die Dotterkugel herum, das fertige Ei produziert wird. Er beginnt mit einem weiten, trichterförmigen Ostium (Öffnung), verläuft geschlängelt und erweitert sich dann in den Uterus.

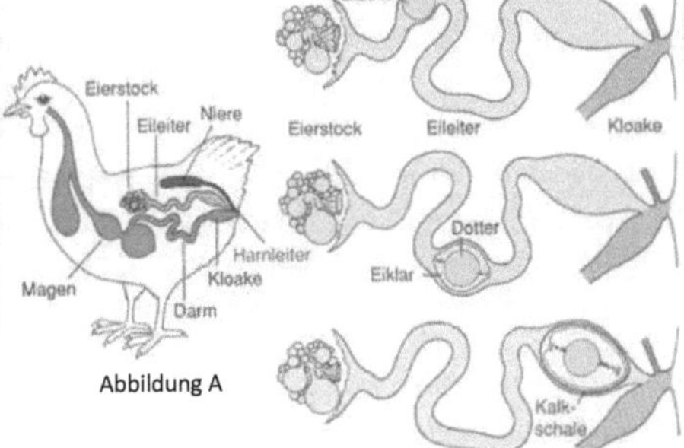

Abbildung A

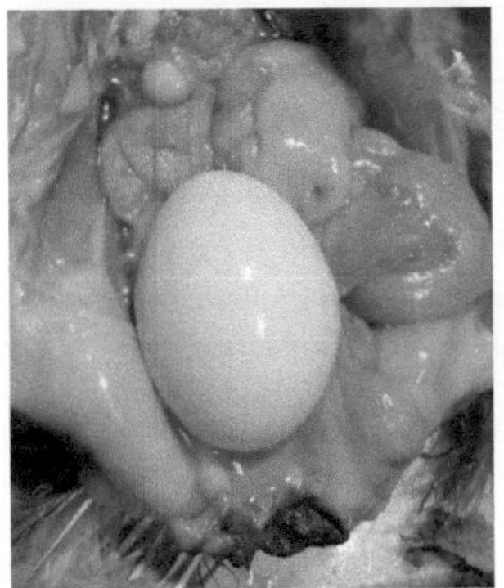

Völlig überraschend fand ich dann im Eileiter ein fast fertiges Ei. Die Schale war noch recht dünn, jedoch sah es genauso aus wie ein Ei, welches man zu Hause hat. Das Ei war an der gleichen Stelle wie im Foto, jedoch im dünnen «Schlauch» des Eileiters. Problemlos konnte ich es herausnehmen. Dann entfernte ich den Eileiter und den Eierstock. Den Eierstock entsorgte ich, während ich den Legedarm (Eileiter) noch in einer Petrischale aufbewahrte.

Die Nieren entdeckte ich zuerst fast nicht, dann jedoch fand ich sie und schnitt sie heraus, anschliessend legte ich auch sie in eine Petrischale. Es war nicht so viel zu erkennen, da alles sehr stark verwachsen zu sein schien. Den Harnleiter konnte ich nicht erkennen. Zuerst dachte ich, es sind vielleicht gar nicht die Nieren, was ich da sah. Jedoch gibt es kein anderes Organ an dieser Stelle, welches die Nieren sein könnte, deshalb gehe ich davon aus, dass es die Nieren sind. Die Nieren liegen ausserhalb der Bauchhöhle (vom Bauchfell überzogen) und sind jeweils in drei Portionen gegliedert. Die Harnleiter münden in die Kloake.

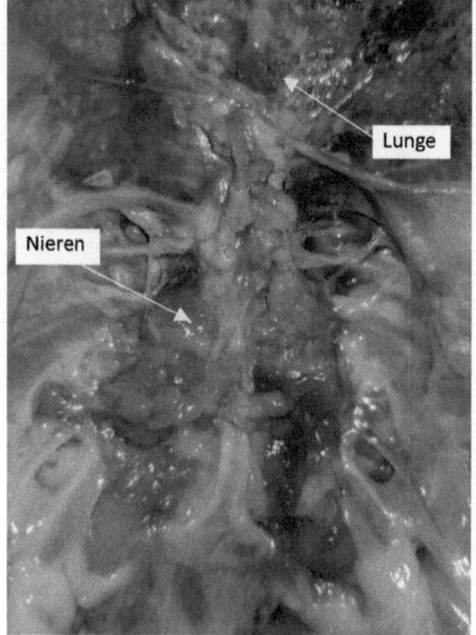

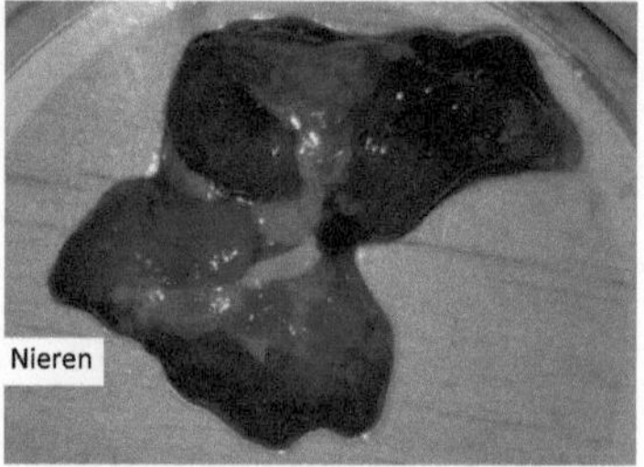

Die Lungen sind rote, relativ kleine Gebilde (mit vielen Löchern) die zwischen den Rippen eingeschmiegt sind. Es ist eigentlich nicht möglich die Lunge zu entfernen, da sie sehr stark angeheftet ist. Wesentlicher Teil der Lunge sind sowieso die Luftsäcke, von denen ich einen gesehen hatte.

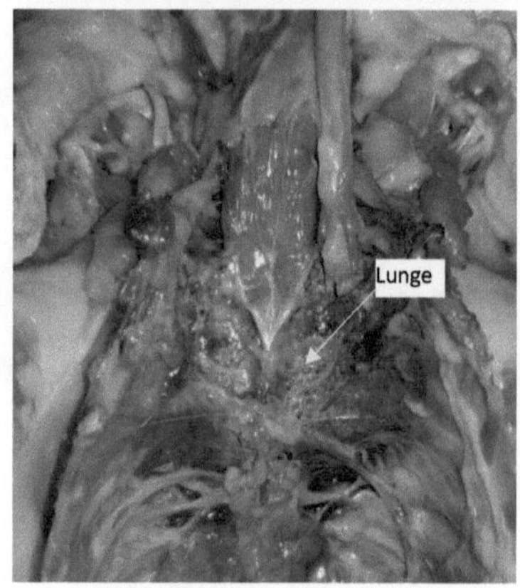

Nun ist das Huhn eigentlich «leer». Die einzelnen Organe in den Petrischalen legte ich in den Kühlschrank. Nur den Verdauungstrakt wickelte ich in Alufolie ein und legte ihn in das Gefrierfach (verhindert Verwesung und Geruchsentwicklung). Das Huhn (in Präparierwanne) wickelte ich ebenfalls in Alufolie und legte es in den Kühlschrank, das Ei entsorgte ich.

3.5. Betrachtung des Legedarms und des Herzens
(Mi. 15.11.17)

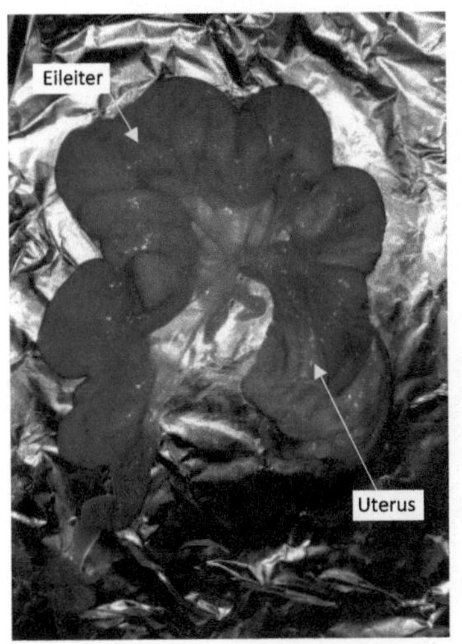

Den Legedarm, den ich am Freitag in den Kühlschrank legte, holte ich hervor und betrachte ihn diesmal ein bisschen genauer. Auf einem Foto im Internet sah ich, wie man den Legedarm auslegen kann, um ihn in seiner vollen Struktur erkennen zu können. Dies tat ich dann. Man kann, wenn man weiss wie der Legedarm aufgebaut ist, gut die beiden Abschnitte erkennen. Den langen Eileiter, der dann zum weiten Uterus wird. Der Eileiter ist von einem dünnen «Häutchen» umgeben, sodass er in einem Bogen gekrümmt vorliegt.

Danach holte ich ebenfalls das Herz aus dem Kühlschrank. Durch genaues Beobachten der Venen und Arterien versuchte ich den Blutfluss zu verstehen. Hilfreich waren da die Fotos des Herzens, die ich machte, als es noch im Brustraum war und eine Darstellung aus dem Buch (Leitfaden für das Zoologische Praktikum). Mit einer Nadel versuchte ich herauszufinden, in welche Herzkammer die Venen und Arterien münden.

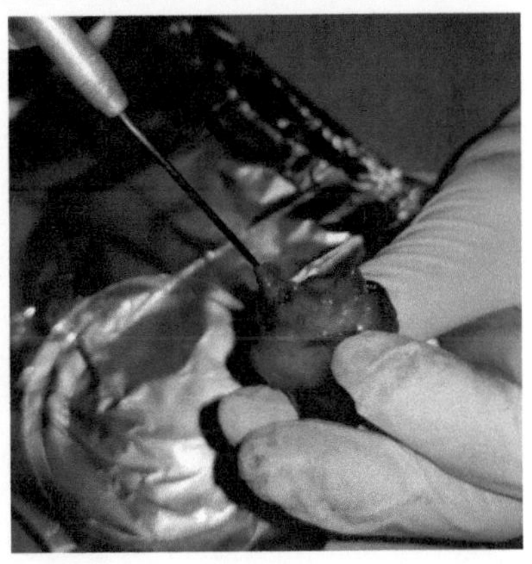

Man erkennt die beiden Vorkammern, welche eine dünne Wand haben und die beiden Herzkammern, welche viel kräftigere Muskeln haben. In der Mitte des Herzens sieht man einen grossen Gefässstamm, welcher, wie ich später sehen konnte, aus der linken Herzkammer entspringt. Dieser Stamm verzweigt sich in die beiden Kopfarmarterien und die Aorta. Die beiden Kopfarmarterien verzweigen sich dann erneut. Die abzweigenden Arteriae carotis versorgen den Kopf. (Später dann zusammen als Halsschlagader) Der andere Ast, die Arteria subclavia gibt einen Zweig an die Brustmuskeln und setzt sich in die Arteria axillaris fort. Die beiden Lungenarterien (Arteria pulmonalis dex./sin.) habe ich nicht richtig gesehen, da sie schwer zu finden sind. Sie entspringen beide aus der rechten Hauptkammer. Die Lungenvenen münden beide in die linke Vorkammer, sie liegen sozusagen direkt unter den Lungenarterien. Die zwei oberen (Vena cava anterior dex./sin.) und die untere Hohlvene (Vena cava descendens) münden in die rechte Vorkammer, sie bringen das «verbrauchte» Blut des Körpers zurück zum Herz-Lungen-System.

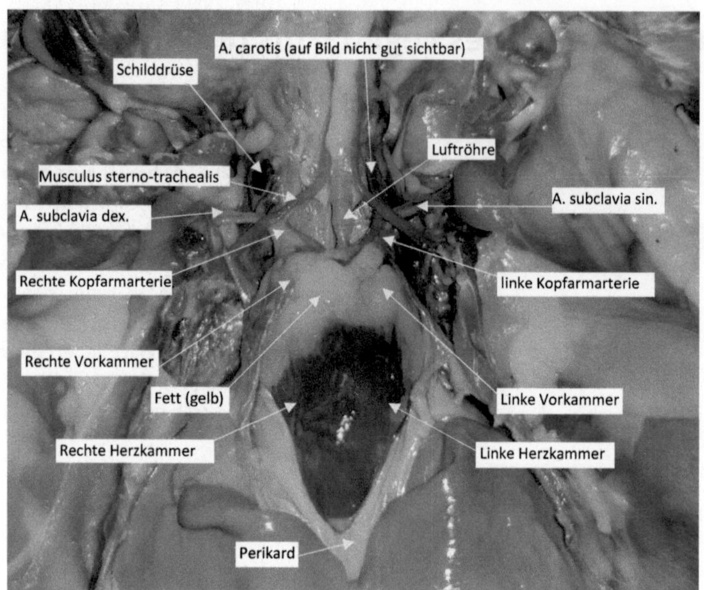

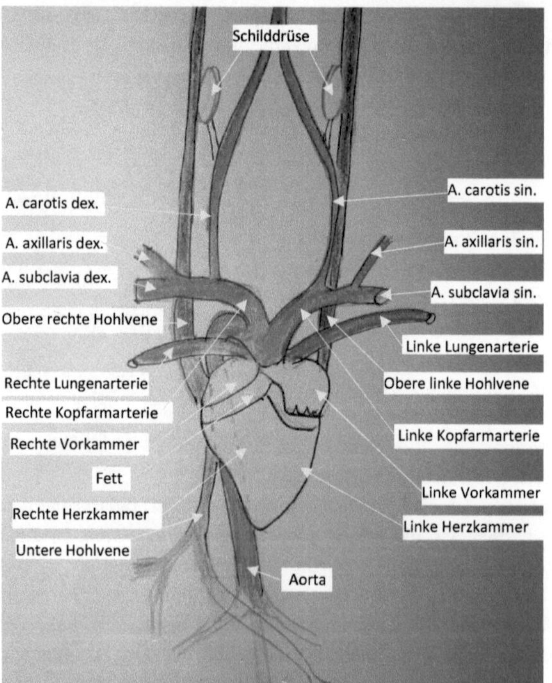

Einige Abzweigungen der Venen und Arterien sind nicht gezeichnet bzw. beschriftet

3.6. Öffnung des Herzens, der Weg des Blutes und der Herzmuskel (Mikroskop) (Do. 16.11.17)

Am Donnerstag holte ich erneut das Herz aus dem Kühlschrank. Mit dem Skalpell durchschnitt ich das Herz seitlich und legte es flach auf den Tisch.

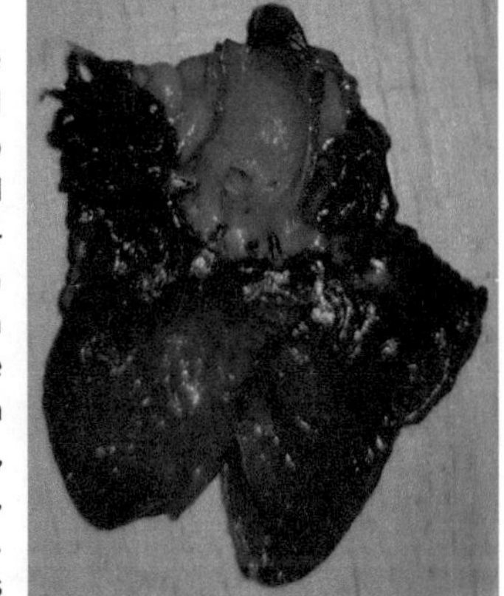

Da die Entnahmen des Herzens doch schon eine Weile zurückliegt, war es nicht mehr so frisch. Trotzdem sind einige wichtige Elemente noch gut erkennbar. So konnte ich den Gefässstamm sehen, aus dem Aorta und die Kopfarmarterien entspringen und Reste der Segel- und Taschenklappen, welche ich beim Aufschneiden leider verletzte. Die Segelklappen sind jeweils zwischen der Vorkammer und der Herzkammer. Die Taschenklappen sind dort, wo die Arterien aus den Herzkammern gehen. Mit der Nadel versuchte ich, durch Anheben der Segel- und Taschenklappenreste, die Position und ihre Erscheinung deutlich zu machen, was auch einigermassen gut gelang, jedoch gelang es mir nicht, ein gutes Foto davon zu schiessen. Das, was man an der Nadelspitze (Foto) leicht nach oben gehoben sieht, ist der Rest einer Taschenklappe. Mithilfe von Büchern und Internetrecherchen, versuchte ich den genauen Verlauf des Blutes durch das Herz zu verstehen und wiederzugeben.

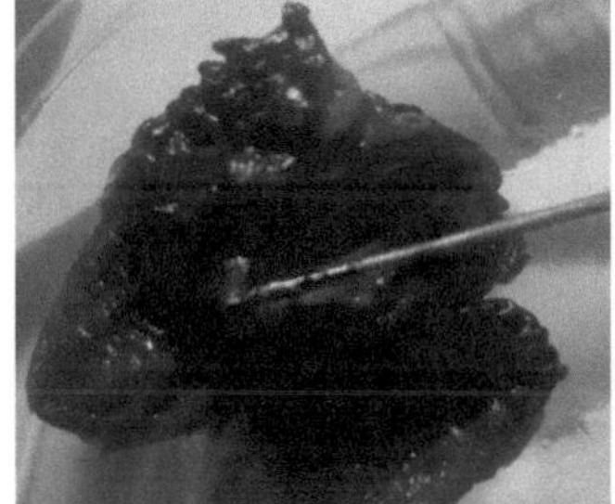

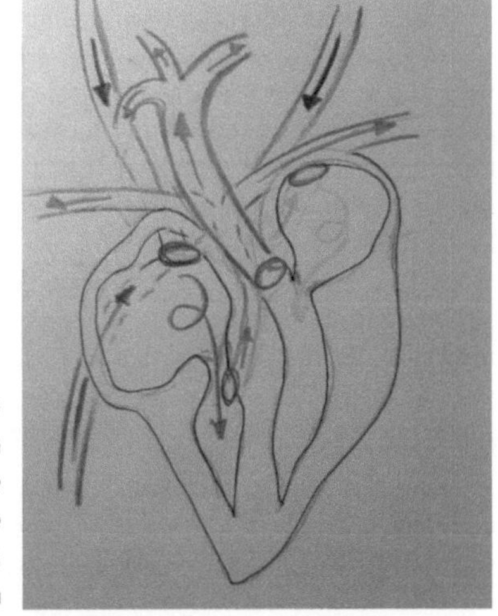

Das venöse Blut des Körpers strömt durch die Hohlvenen (blau) in die rechte Vorkammer, durch die Segelklappe hindurch in die rechte Herzkammer. Von dort durch die Taschenklappe in die Lungenarterien (grün). Das in den Lungen mit Sauerstoff angereicherte Blut strömt durch die Lungenvenen (gelb, in dieser Zeichnung leider ungünstig platziert) in die linke Vorkammer und von dort durch die Segelklappe in die linke Hauptkammer. Nachdem das Blut dann die Taschenklappe passiert hat, strömt es durch die Aorta und die Kopfarmarterien in den Körper zurück. Dort wird der Sauerstoff verbraucht und das ganze beginnt von vorn. (Auf meiner Zeichnung sind die Gefässe und auch die Ein- und Ausgänge in die Kammern stark vereinfacht).

Danach versuchte ich, die Beschaffenheit der Herzmuskelfasern zu erfassen, was leider nicht zufriedenstellend gelang.

Mit einer spitzen Pinzette riss ich eine kleine Faser aus dem Herzmuskel. Ich holte einen Objektträger, platzierte mit der Pipette einen Tropfen Wasser auf den Objektträger und legte die Muskelfaser in den Tropfen. Danach legte ich ein Deckgläschen oben drauf und drückte die zwei Glasplättchen zusammen, um ein Quetschpräparat zu erhalten. Ich legte den Objektträger unter das Mikroskop und begann mit der niedrigsten Vergrösserung (40x), nachdem ich scharf stellte, wechselte ich auf die nächstgrössere Vergrösserung.

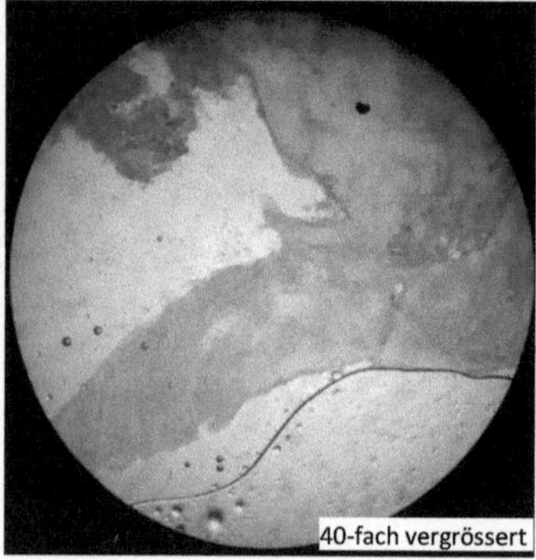

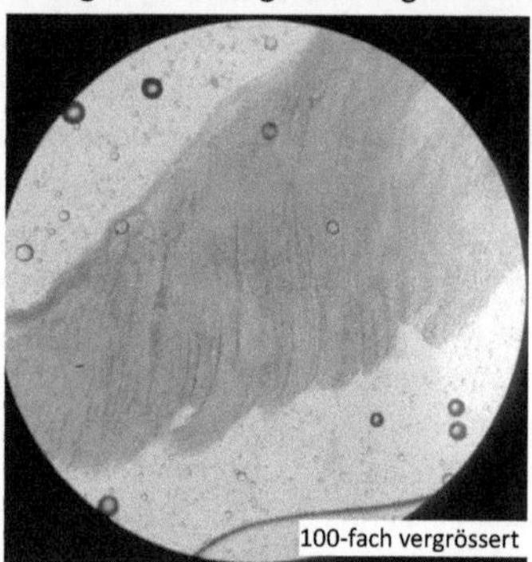

Auch hier konnte ich gut scharfstellen und die einzelnen Fasern erkennen. Die nächste Stufe war jedoch nicht erfolgreich. Ich konnte Schärfe, Licht und Position wechseln, aber trotzdem konnte ich nichts ausser Umrissen erkennen. Das Quetschpräparat muss wohl zu dick gewesen sein, dachte ich. Also versuchte ich es erneut. Auch beim zweiten Mal konnte ich die dritte Vergrösserung nicht erreichen. Das eigentliche Ziel dieser Betrachtung war das Finden und Betrachten der Querstreifen der Muskelfasern gewesen, welche charakteristisch für den Herzmuskel sind. Da es zwei Mal nicht klappte versuchte ich es ein drittes und viertes Mal. Jedoch konnte ich keinen Erfolg verzeichnen. Zum einen war es fast unmöglich, eine noch kleinere Faser aus dem Muskel zu zupfen, was die bessere Durchleuchtbarkeit unter dem Mikroskop ermöglicht hätte und zum anderen kann es auch gut sein, dass das Herz schon zu alt war, um noch etwas richtig erkennen zu können. Denn unter dem Mikroskop sah ich mehrmals kleine Tröpfchen, die laut Frau Wunderlin sehr wahrscheinlich Fetttröpfchen waren. Diese sind entweder auf Verunreinigungen der Pipette oder des Muskels zurückzuführen, oder es hat irgendetwas mit der Verwesung zu tun.

Ich ärgerte mich sehr darüber, dass es mir nicht möglich war, die Querstreifen zu entdecken und dass ich sozusagen zweieinhalb Stunden damit «verschwendete». Jedoch konnte ich dadurch wieder einmal die Handhabung des Mikroskops üben und erkannte, dass nicht alles was man sich im Labor vornimmt, auch genauso klappt.

Auch die Leber wollte ich unter dem Mikroskop anschauen, jedoch war sie nicht mehr frisch genug, so entsorgte ich sie zusammen mit dem Herzen.

3.7. Säuberung der Knochen

3.7.1. Erste Entfernung der Haut, Muskeln etc. von den Knochen (Fr. 17.11.17)

Bis auf den Verdauungstrakt, der im Gefrierfach liegt (und das Gehirn) sind alle Organe entsorgt und der Rest vom Huhn beginnt immer mehr zu stinken. So machte ich mich an die Arbeit. ich entfernte zuerst die Haut an Bauch, Rücken und Beinen. Da dadurch auch die Federn wegkamen, sah das Huhn nun schon viel dünner und auch übersichtlicher aus. Danach entfernte ich Fettgewebe und die Muskeln der Beine. Durch das Ziehen an den Muskeln, an denen die Sehnen dran sind, konnte ich die Bewegung des Beines erzeugen. Schlussendlich konnte ich dann das Hüftgelenk lösen und die Beine separat zur Seite legen.

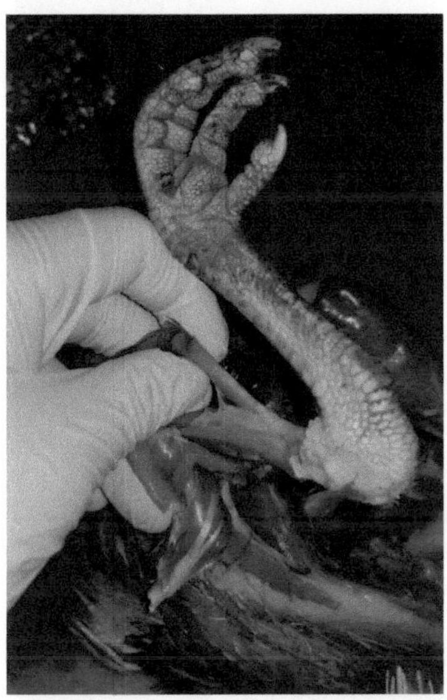

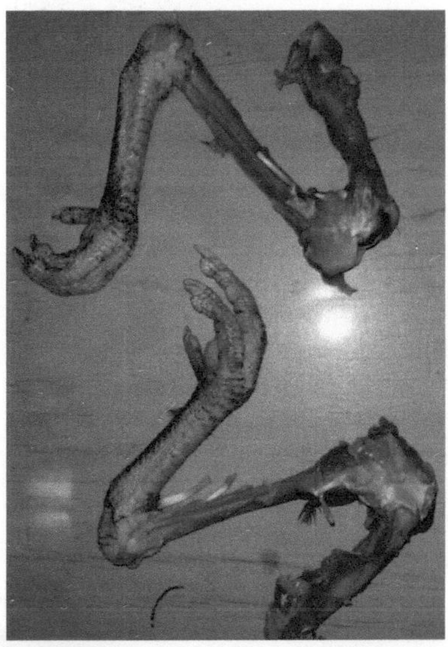

Danach löste ich die Flügel (die Schultergelenke trennte ich ja schon eine Woche zuvor bei der Öffnung des Brustraums) und legte sie beiseite. Dann entfernte ich die restliche Haut um den Hals und ein Teil der Haut des Kopfes. Die Speise- und Luftröhre entfernte ich auch noch.

Am Schwanz entfernte ich die Haut und dabei schnitt ich auch die Bürzeldrüse ab.

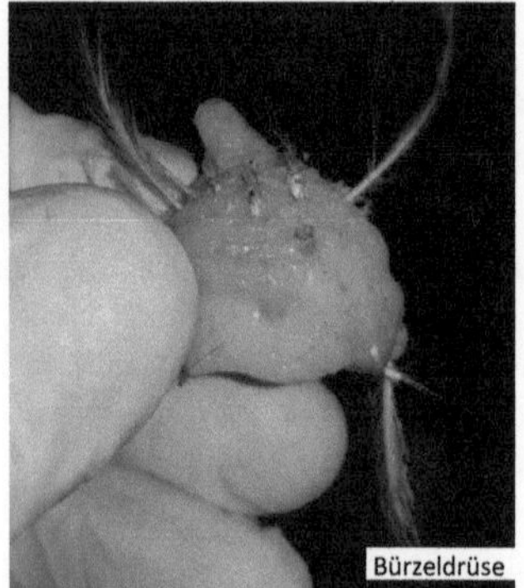
Bürzeldrüse

Am Schluss blieb nur noch der Rumpf mit einem Teil der Halswirbel übrig. Da der Fuchs durch seinen Angriff den Hals bzw. die Wirbelsäule durchtrennte, war der Kopf vom Rest des Halses getrennt. Beide Teile lagen nun nebeneinander in der Präparierwanne.

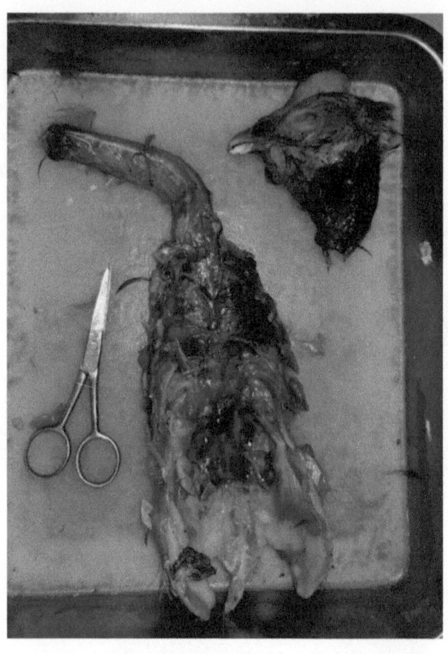

Nun waren nur noch die Flügel mit Federn und Haut bedeckt. Ich dachte mir, dass ich das locker noch schnell machen kann, dem war jedoch nicht so. Die Flügel waren die schwierigste Stelle am Huhn, da die Knochen des Flügels eigentlich ähnlich wie jene eines menschlichen Armes und der Hand aufgebaut sind. Die zurückgebildeten Finger erschwerten die Arbeit. Ausserdem sind die Handschwingen und die Armschwingen (Federn) bzw. ihre Spulen richtig tief in die Haut eingesenkt, was das Schneiden mit dem Skalpell erschwerte. Ich musste aufpassen, dass ich die harten Federn nicht mit den Knochen verwechselte.

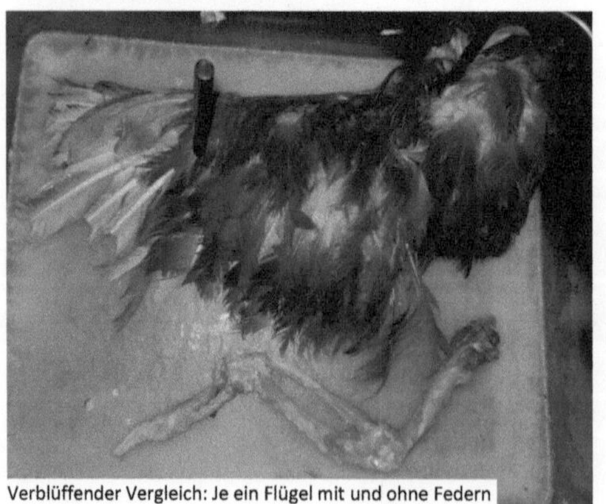
Verblüffender Vergleich: Je ein Flügel mit und ohne Federn

Zuerst löste ich Haut und Muskeln an den Armen (die Unterarme haben, wie auch bei uns Menschen, eine Elle und eine Speiche). Danach wagte ich mich an die Hände. Gerade noch rechtzeitig vor Unterrichtsende konnte ich alle Knochen weitestgehend freilegegen. Ich legte alle Knochen in eine Schüssel mit Wasser und stellte diese in den Kühlschrank, um der Trocknung entgegen zu wirken.

3.7.2. Entfernung der Haut an den Füssen (Mi. 22.11.17)

Da die Haut an den Füssen bzw. am unteren Teil der Beine durch die Hornscheiben sehr dick ist, ist es sehr schwer, sie zu entfernen. Deshalb konnte ich mit dieser Arbeit am Freitag zuvor nicht ganz fertig werden. Die Sehnen, welche die Zehen «bewegten», sind ebenfalls dort. Sie sind dicker als man es vielleicht annehmen würde. Auch sie erschwerten die Arbeit. So wurde ich leider wieder nicht ganz fertig.

3.7.3. Kochen der Knochen und Entfernung der Reste (Do./ Fr. 23./24.11.17)

Am nächsten Tag, entfernte ich noch den letzten Rest der Haut an den Füssen. Nun konnte ich endlich mit dem Kochen der Knochen beginnen. Dazu stellte ich eine Herdplatte auf das grosse Lehrerpult und füllte in einen grossen Topf Wasser, welches ich bereits heiss aus dem Boiler laufen liess. Nachdem ich den Topf auf die Platte gestellt hatte, dauerte es aber trotzdem noch fast 20-30 min bis das Wasser richtig kochte. Dann legte ich die Knochen in das kochende Wasser und wartete erst einmal. An der Wasseroberfläche schwamm gelöstes Fett, es sah nicht so appetitlich aus.

Nach etwa 30 min nahm ich mal ein Bein raus und begann die Reste der Haut und der Sehnen abzuschneiden und abzuschaben. Diese Arbeit ist sehr langwierig. Da es sich nicht so leicht ablösen liess, legte ich die Knochen wieder ins Wasser und holte die nächsten raus. Anstatt einfach zu warten, arbeitete ich konstant an irgendwelchen Knochen, denn ich dachte mir, dass ich allemal schneller bin, als wenn ich gar nichts täte. Mit der Zeit entwickelte sich ein spezieller Geruch, der nicht allen im Labor zu gefallen schien. Der eigenartige Gestank von gekochtem Fleisch, der jedoch nicht gleich roch wie gekochtes Fleisch zu Hause, verbreitete sich.

Vor allem mit der Bearbeitung des Schädels hatte ich so meine Mühe. Die Entfernung des Kamms, der Haut und auch der Augenlieder gelang sehr einfach. Aber dann musste ich die Augen entfernen. Ich schnitt die Augäpfel heraus, dabei schnitt ich anscheinend hinein und Flüssigkeit lief aus dem Auge heraus. Dies war schon recht ekelhaft und wäre sicher nicht jedermanns Sache. Ich merkte, dass diese Arbeit anstrengend ist und lange gehen würde und ich ärgerte mich darüber, dass es nicht schneller ging. Schon bald war die Lektion zu Ende und ich hatte wieder einmal Stress mit aufräumen.

Am Freitag kochte ich ein weiteres Mal. Dieses Mal nahm ich eine kleinere Pfanne. Ich legte dieses Mal nur die Knochen der Extremitäten und den Schädel in das kochende Wasser. An diesem Tag gelang es mir noch mehr Haut usw. vom Schädel zu entfernen. Man sah allmählich immer besser, wie klein der Schädel eigentlich ist. Kamm, Fett und Haut suggerierten eine ganz andere Form. Man sah die sehr grossen Augenhöhlen und ich erkannte, dass das Gehirn sehr klein sein muss, da sehr wenig Platz für das Gehirn bleibt.

Danach holte ich vier weisse Blätter und schrieb jeweils den Namen einer Extremität drauf (rechter Flügel, linkes Bein usw.). Ich entfernte weiterhin Knorpel und Sehnen an den Knochen und wenn dann diese alle entfernt sein würden, käme ich nicht mehr draus, welcher Knochen wo genau hingehörte. Deshalb schaute ich nochmals im Buch nach und zeichnete dann die grobe Anordnung der Knochen auf das jeweilige Blatt.

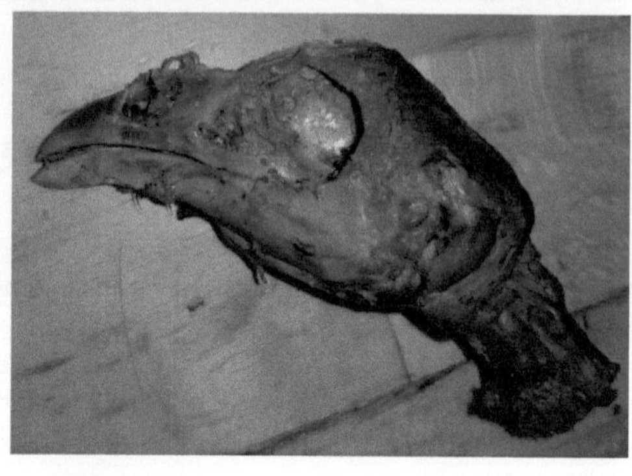

Am Schluss der Lektion hatte ich beide Flügel fertig (bis auf die Handknochen). Ich legte die Knochen genau auf die dazu passende, gezeichnete Stelle und befestigte sie mit Klebeband.

3.7.4. Fertigstellung der Handknochen und Entfernung der letzten Reste an den Beinen (Mi. /Do. 29./30.11.17)

Mit den Handknochen war ich eigentlich so gut wie fertig. Nur mit den feinen Fingerknochen hatte ich noch zu tun. Diese kleinen Knochen sind in Knorpel-, Sehnen- und Hautreste eingebettet und sehr schwer zu erkennen. Durch das Trocknen über das Wochenende sind diese Reste hart geworden. Dies war sehr praktisch. Ich entschied mich dazu, mit Hilfe dieser «Reste» und den Knochen, die sich darin befinden, einen möglichst genauen «Umriss» zu erzeugen. Ich schnitt mit Schere und Skalpell so um die Knochen herum, dass diese nicht vollkommen frei waren (sonst würden sie nämlich nicht mehr zusammenbleiben und es wäre schwer, sie zusammenzusetzen). Am Schluss klappte dies bei beiden «Händen» relativ gut, die des linken Flügels wurde jedoch viel schöner als jene des rechten Flügels.

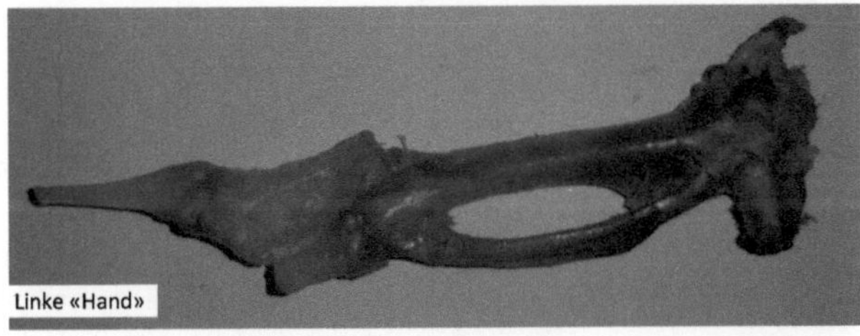

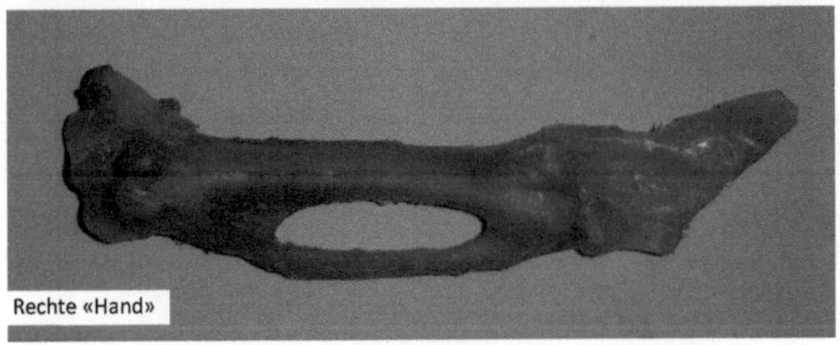

Am Donnerstag arbeitete ich an den Beinen und Füssen. Auch hier legte ich anschliessend die fertigen Beinknochen auf das beschriftete Blatt und klebte sie fest. Bei den Füssen ging ich ähnlich vor wie bei den Handknochen. Ich musste so viel wegnehmen wie möglich und gleichzeitig so viel dranlassen wie nötig, damit am Schluss die vielen Zehenknochen noch zusammenbleiben, die Struktur der Knochen und ihre Lage aber trotzdem gut ersichtlich sind. Am Ende der Lektion stellte ich die Füsse aufrecht (natürliche Position im Stand) auf das Papier und klebte die Zehen fest, sodass die Füsse, wenn die Reste dann getrocknet sind, in ihrer «natürlichen» Position hart werden.

3.7.5. Fertigstellung der Beine und weitere Arbeit am Schädel (Do. 07.12.17)

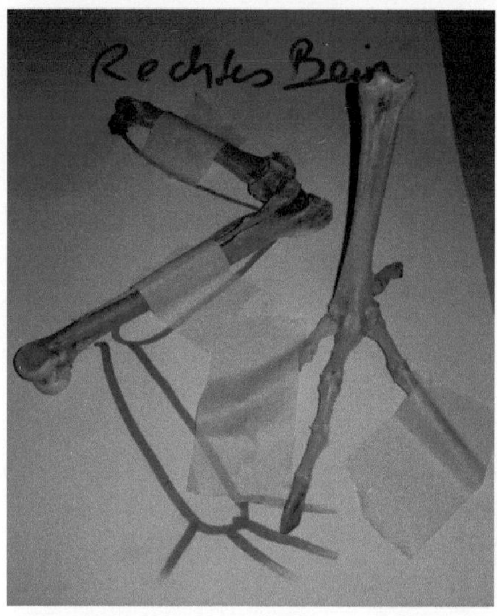

Wie vorgesehen, trockneten die Reste an den Fussknochen ein. Die Knochen der Zehen sahen fast perfekt aus, nur ein paar wenige waren leicht verbogen. Durch weiteres abtragen der Sehnen konnte ich auch diese Knochen sehr schön fertigstellen. Nur an einer einzigen Stelle entfernte ich zu viel der Sehnen und ich musste dann die beiden Zehenknochen mit Heissleim zusammenkleben. Am Schluss machte ich noch den letzten Feinschliff und dann konnte ich zufrieden die beiden fertigen Beine zur Seite legen.

Danach holte ich erneut die Schüssel aus dem Kühlschrank, ich nahm den Schädel raus und arbeitete an ihm weiter. Je mehr Haut ich abtrug, desto vorsichtiger musste ich den Schädel halten und die Werkzeuge benutzen. Mit Pinzette und Skalpell entfernte ich jegliche Hautreste. Als nächstes konnte ich das Zungenbein entfernen (es ist nicht mit dem Schädel verbunden), gleichzeitig konnte ich so auch die Zunge entfernen. Nun war es an der Zeit, den Unterkiefer zu entfernen. Ich legte ihn und das Zungenbein auf ein Papier, klebte sie fest und beschriftete sie.

Durch vorsichtige Benützung des Skalpells konnte ich die obersten Halswirbel entfernen (Die Wirbelsäule wurde durch den Fuchsangriff beschädigt, die restlichen Wirbel befinden sich noch am verbleibenden Rumpf). Dadurch war nun das «Loch» zum inneren des Schädels offen. Mit der Pinzette stocherte ich im Hohlraum rum, ich versuchte irgendwie das Gehirn rauszubekommen.

3.7.6. Fertigstellung des Schädels (Fr. 08.12.17)

Eigentlich wollte ich Pfeifenputzer von Zuhause mitnehmen, jedoch konnte ich dort keine finden. Ich suchte nach anderen Möglichkeiten, das Gehirn zu entfernen. Im Chemielabor holte ich dann einen Spatel und bog in mit der Zange ein bisschen zurecht, sodass ich damit im inneren des Schädels rumstochern und die Reste rausziehen konnte. Hier musste ich extrem vorsichtig sein, da der Knochen zur Augenhöhle sehr dünn ist. Schlussendlich klappte es aber recht gut und ich konnte fast das ganze Gehirn entfernen. Jene wenige kleine Reste, die noch drinnen sind, würden dann trocknen und nicht weiter stören.

Mit einer spitzen und einer stumpfen Pinzette ausgerüstet und mit Hilfe des Skalpells konnte ich alle anderen übriggebliebenen Reste entfernen und den Schädel fertigstellen. Da bis zum Ende der Lektion noch ca. 30 Minuten übrig waren, arbeitete ich noch ein bisschen am Rumpf. Auch dort entfernte ich Gewebereste usw. Am Schluss legte ich den Rumpf wieder in den Kühlschrank. Die Schüssel wird immer leerer und die beschrifteten Blätter mit den draufgeklebten Knochen immer voller.

3.7.7. Fertigstellung der Wirbelsäule
(Mi.-Fr. 13.-15.12.17)

Ich beschäftigte mich zunächst mit den Halswirbeln. 14 Halswirbel bilden den obersten Teil der Wirbelsäule, auf dem der Schädel aufsitzt. Ihre hohe Anzahl und Form machten die Arbeit sehr mühsam und langwierig. Zuerst entfernte ich das restliche Gewebe, um überhaupt an die Wirbel dranzukommen. Mit Pinzette, Schere und Skalpell arbeitete ich langsam aber kontinuierlich an der Wirbelsäule. Durch den Angriff des Fuchses waren die obersten beiden Wirbel bereits von denn anderen getrennt, bzw. der dritte Wirbel ist in der Mitte gebrochen und der eine Teil hing noch an den ersten beiden. Ich liess die restlichen Wirbel vorerst zusammen, entfernte aber fast das ganze Gewebe. Am nächsten Tag arbeitete ich daran weiter. Frau Wunderlin riet mir, die Wirbel alle voneinander zu lösen. Dies tat ich dann auch. Es war zwar relativ schwer und ich musste sehr vorsichtig sein, aber am Ende, nach der Entfernung der letzten Reste, konnte ich alle Wirbel fertig auf ein Blatt kleben und beschriften.

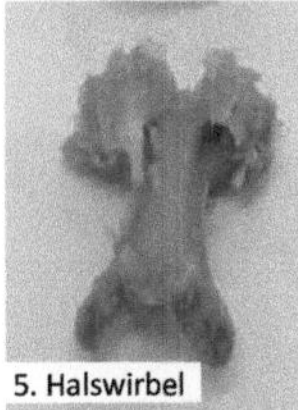

5. Halswirbel

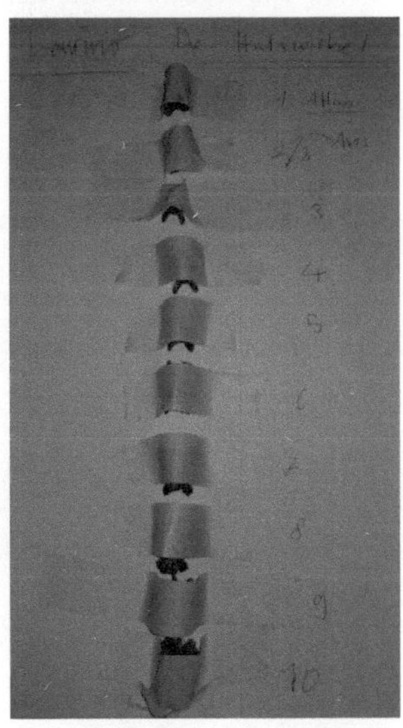

Am Freitag arbeitete ich noch einmal an den Halswirbel. Mit einer Zahnbürste putzte ich noch die letzten Reste, die nun eingetrocknet waren, weg. Ausserdem bemerkte ich, dass ich noch einen Halswirbel vergass. Nach der Fertigstellung dieses Wirbels waren es 11 Wirbel. Dementsprechend fehlen noch 3 Wirbel. Entweder fehlen diese einfach (nicht jede Vogelart hat gleich viele) oder ich hielt die untersten Halswirbel für Brustwirbel.

Da noch Zeit übrig war, arbeitete ich am Rumpf weiter. Ich entfernte viel Gewebe und konnte die Beckenknochen und auch die restliche Wirbelsäule mit den Rippen grob schon mal freilegen.

3.8. Betrachtung des Magen-Darm-Traktes (Mi./Do. 20./21.12.17)

Am Mittwoch arbeitete ich noch einmal am Rumpf. Ich trennte schlussendlich noch die Brustwirbel mit den Rippen von den Beckenknochen. Ich legte sie in das Gefrierfach, sie werden später eventuell als «Ersatzteillager» dienen. Ausserdem holte ich den Magen-Darm-Trakt aus dem Gefrierfach und legte ihn in eine Schüssel, wo er auftauen kann.

Am Donnerstag war es dann soweit. Ich packte den Magen-Darm-Trakt aus der Alufolie aus und legte ihn auf den mit Alufolie bedeckten Tisch. Da leider die Handschuhpackung aufgebraucht war, musste ich an diesem Tag ohne Handschuhe arbeiten. Ausgerechnet dann, als die «dreckigste» Arbeit zu tun war. Ich schnitt zuerst den **Kropf** auf. Der Kropf ist ein Nahrungsspeicher. Die Nahrung wird hier gespeichert, falls der Muskelmagen bereits voll ist. Ist der Muskelmagen leer, wird die Nahrung direkt in den Drüsenmagen und danach in den Muskelmagen geleitet. Im Kropf befanden sich viele Körner, Grünzeug, Karotten und andere Nahrung. Ausserdem hat das Huhn wohl ein paar Eierschalen gefressen. Ich benutzte die Pinzette und begann, die Nahrungsmittel ein Stück weit zu sortieren. Ich legte die Teile auf ein Stück WC-Papier.

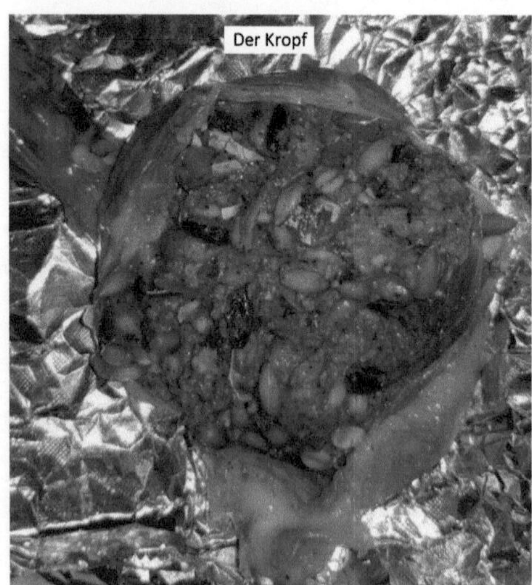

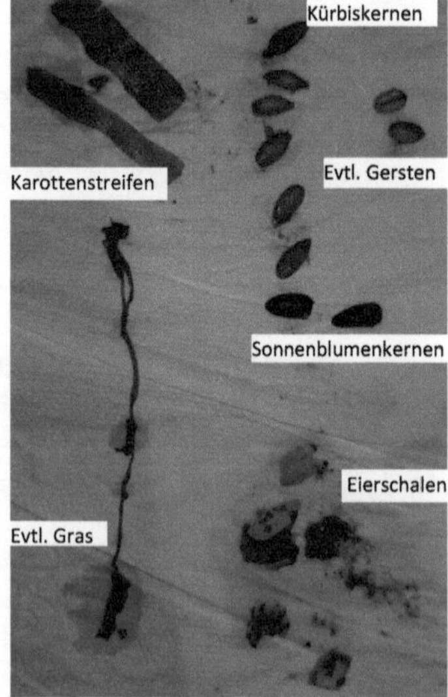

Danach öffnete ich den **Drüsenmagen**. Der Drüsenmagen hat eine Schleimhaut, die ihn vor dem Magensaft schützt. Der Drüsenmagen ist lediglich eine Durchlaufstation. Dort wird der Magensaft zu der Nahrung hinzugegeben. Die chemische Verdauung und Durchmischung erfolgt erst im Muskelmagen. Mir erschien der Drüsenmagen eher unspektakulär. Es befand sich keine Nahrung in ihm, lediglich die Schleimhaut war gut sichtbar.

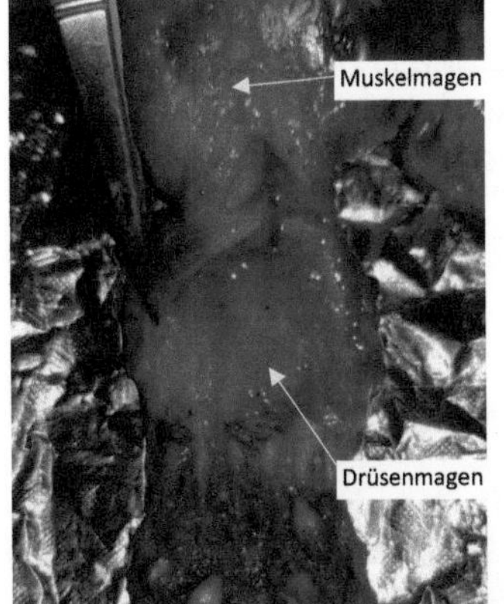

Das nächste Organ ist der **Muskelmagen**. Er wird auch Kau- oder Reibemagen genannt, da die eingeweichte Nahrung wie zwischen zwei Mühlesteinen zerrieben wird. Als ich ihn aufschnitt, erkannte ich, dass die Nahrung, im Gegensatz zum Kropf, schon weiter zerkleinert wurde.

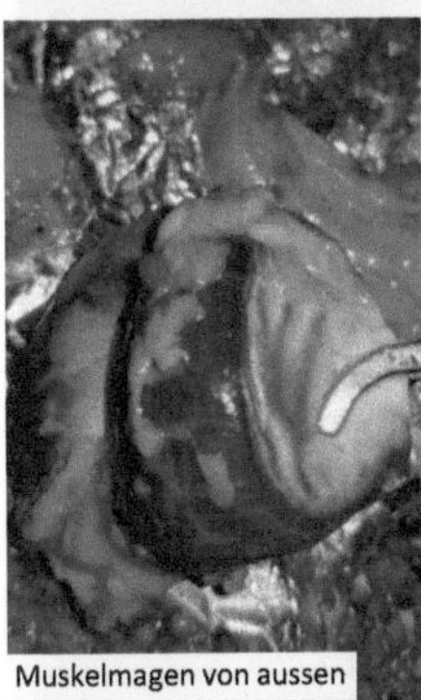

Muskelmagen von aussen

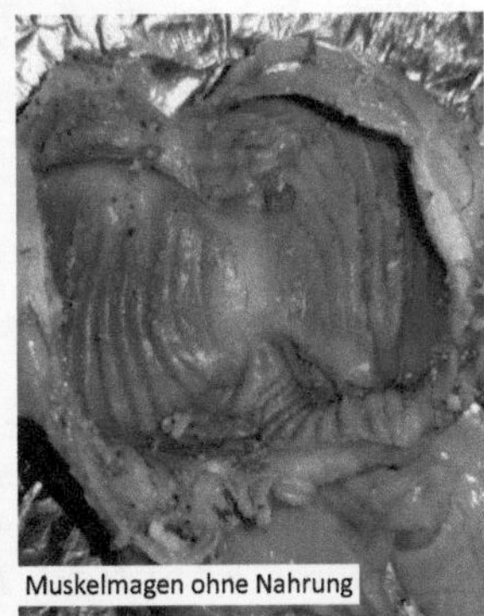

Muskelmagen ohne Nahrung

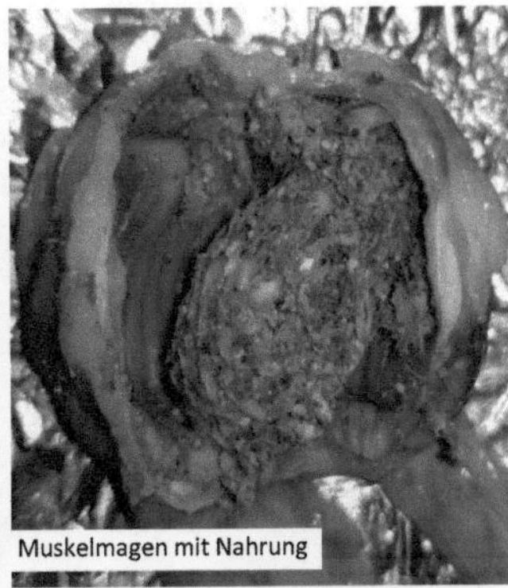

Muskelmagen mit Nahrung

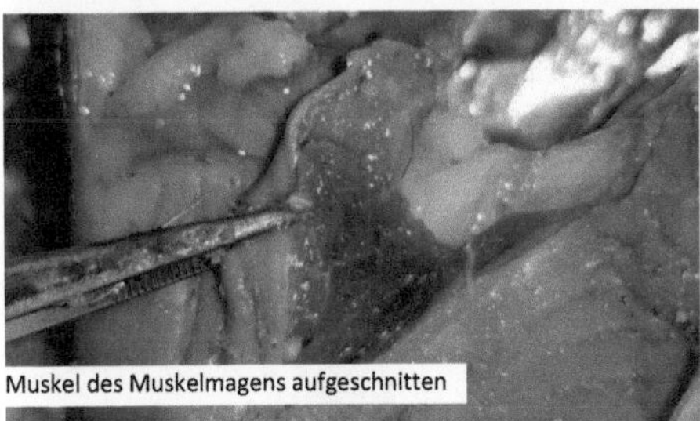

Muskel des Muskelmagens aufgeschnitten

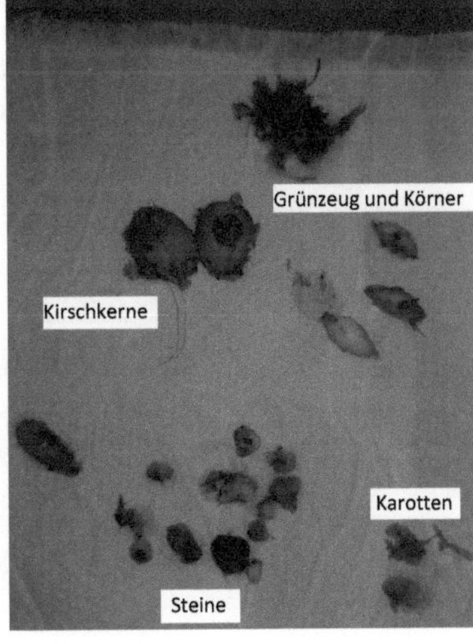

Auch beim Muskelmagen benutzte ich die Pinzette und pickte die einzelnen «Gegenstände» heraus.

Ich entdeckte, dass das Huhn kleine Steine im Magen hatte. Diese unterstützen die Zerkleinerung der Nahrung. Ausserdem sah ich Kirschkerne. Der Rest schien mir vertraut: Karotten, Grünzeug und Körner.

Danach betrachtete ich den **Darm**. Der erste Teil, der **Dünndarm** wird wiederum in Duodenum, Jejunum und Ileum gegliedert.

Das **Duodenum (Zwölffingerdarm)** beginnt auf der rechten Seite des Muskelmagens. Es bildet eine lange, U-förmige Schleife. Die Bauchspeicheldrüse liegt zwischen den beiden Schenkeln, jedoch habe ich diese nicht genauer betrachtet. Die Gänge der Bauchspeicheldrüse und der Leber münden in das Duodenum. Im Duodenum wird die Nahrung mit dem Sekret der Bauchspeicheldrüse und der Gallenflüssigkeit vermischt und dann rasch an das Jejunum weitergegeben. Ich schnitt den Zwölffingerdarm auf und betrachtete die zerkleinerte Nahrung.

Der Rest des Dünndarmes besteht aus **Jejunum (Leerdarm)** und **Ileum (Krummdarm)**. Die Grenze zwischen den beiden Abschnitten gibt es eigentlich nicht, bzw. ist nicht sichtbar. Sie wurde sozusagen erfunden. Die beiden Teile bilden den charakteristischen, geschlängelten Dünndarm. Auch dort schnitt ich den Dünndarm auf und betrachtete den Inhalt. Die Nahrung ist noch stärker zerkleinert, aber die Farbe ist die gleiche. Im Darm werden, wie bei uns auch, die Kohlenhydrate, Eiweisse und Fette gespalten und die Nährstoffe aufgenommen.

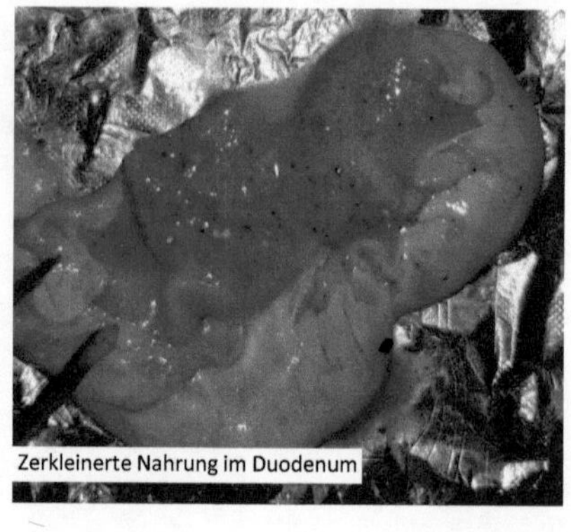
Zerkleinerte Nahrung im Duodenum

Dünndarm mit zerkleinerter Nahrung

Der Dünndarm endet mit der Einmündung der beiden Blinddärme. Der **Dickdarm** besteht aus den beiden **Blinddärmen** und dem kurzen Rektum. In den Blinddärmen befindet sich hauptsächlich zellulosereiches Futter. Der ausgeschiedene Inhalt ist deutlich homogen und schokoladenbraun. Die Entleerung der Blinddärme erfolgt nur einmal auf 7 bis 11 normale Kotausscheidungen. Der Unterschied zu den übrigen Ausscheidungen ist gut erkennbar.

Das **Rektum** verbindet das Ileum (und die Blinddärme) mit der Kloake. Dieser kurze Schlauch ist sehr uninteressant und ich habe mich nicht näher damit befasst. Damals, als ich den Magen-Darm-Trakt entfernte, quoll der Kot aus der Kloake bzw. aus dem Rektum. Neben dem Dickdarm, münden auch der Harn- und Geschlechtsapparat in die Kloake.

Blinddärme mit Inhalt

Zusammenfassende Darstellung:

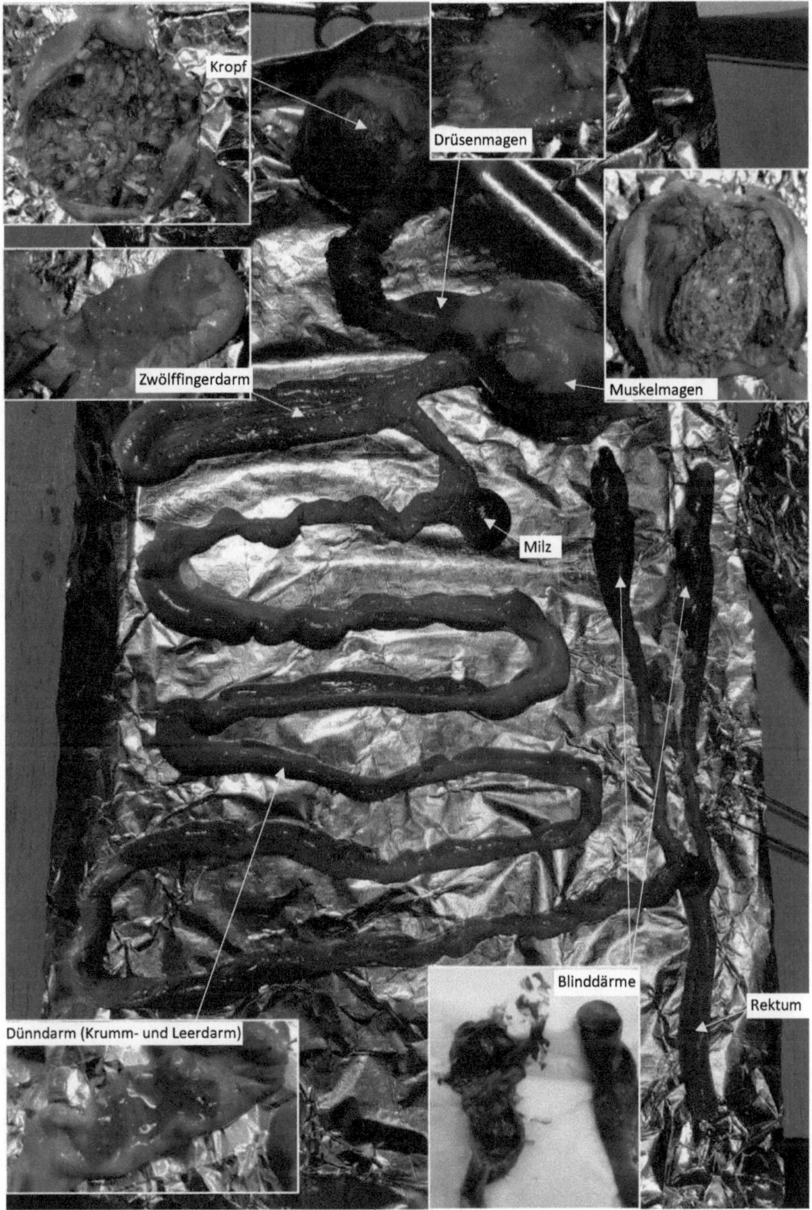

An den Dünndarm angeheftet, befindet sich ein weiteres Organ. Zuerst wusste ich nicht, was es ist, erst der Blick ins Lehrbuch beantwortete die Frage. Die Milz ist braunrot bis kirschrot

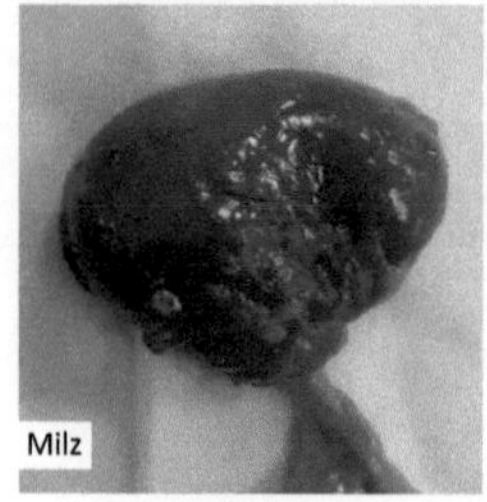

und bei Hühnern eher kugelig bis eiförmig. Sie ist an der sogenannten Facies visceralis hepatis dorsal (=rückseitig) der Gallenblase angeheftet. Da ich durch das Herausnehmen des Magen-Darm-Traktes die eigentliche Lage der Milz verändert und eventuell auch «Häutchen» getrennt habe, ist dies nicht mehr zu erkennen. Die Milz baut gealterte Rote Blutkörperchen ab und ist am Imunsystem durch Aufbau der Imunzellen beteiligt.

Milz

3.9. Zubereitung eines Grillhähnchens und anschliessende Freilegung des Skeletts

(Do./ Fr. 04./05.01.18)

Da einige Knochen, vorallem die Rippen, durch die Öffnung des Brustraumes beschädigt wurden, benötigte ich ein «Ersatzteillager». Am vierten Januar, einem Donnerstag in den Weihnachtsferien kaufte ich im Migros ein ganzes Grillhähnchen bzw. Poulet. Nachdem ich das Poulet mariniert und in den Backofen getan hatte, musste ich 50 min warten. Aber es hat sich gelohnt. Ich ass das ganze Huhn alleine auf und achtete beim Essen stets darauf, die Knochen nicht zu zerstören. Mir fiel dabei auf, das ich noch nie mit so viel Bewusstsein ein Poulet gegessen habe. Ich kannte die Knochen und wusste genau wo ich durchschneiden musste. Nachdem alles aufgegessen war,

holte ich meine Werkzeuge (Skalpell usw.) und machte mich an die Arbeit. Ich entfernte zunächst die Flügel und Beine und das restliche Fleisch. Der Rumpf sah eigentlich genau gleich aus, wie beim ersten Huhn, nur viel kleiner. Zu diesem Zeitpunkt begriff ich noch nicht, wie massiv viel kleiner es denn ist. Ich ging genau gleich vor, wie beim ersten Mal. Da die Rippen noch intakt bleiben sollten, musste ich dieses Mal aber vorsichtiger arbeiten. Die Entfernung der Reste war hier merklich einfacher als beim letzten Mal. Eventuell lag dies daran, dass ich das Huhn backte und nicht kochte, es kann auch sein, dass ich die Knochen beim letzten Mal nicht genug

lang kochte. Am nächsten Tag arbeitete ich am Huhn weiter. Mit Pinzette, Schere und Skalpell wurde dann schlussendlich auch die letzte Faser noch entfernt. Ich bemerkte, das drei Rippen beschädigt waren, dies lag aber höchtswahrscheinlich am Transport des Poulets oder am Backen.

Ich entfernte den Rest der Wirbelsäule. Es waren schlussendlich fünf Halswirbel. Diese klebte ich wie bisher auf ein Papier. Ausserdem entfernte ich die Schulterblätter, Rabenbeine und das Gabelbein, welches leider zerbrach. Die Knochen des Beckengürtels (Schambein, Sitzbein

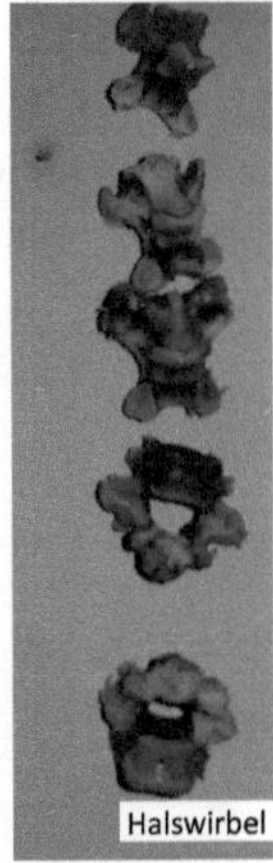
Halswirbel

und Darmbein) sind mehr oder weniger zusammengewachsen. Auch diesen Teil entfernte ich. Als ich fertig war mit den Rippen und Brustwirbeln (der übrig gebliebene Rest des Rumpfes), klebte ich die zerbrochenen Rippen mit Heissleim zusammen. Interessant ist hier, dass viele Knochen eine leichte bis starke rötliche Färbung haben und dass die Hälfte des Brustbeines nicht fester Knochen, sondern weicher Knorpel zu sein scheint. Nun war klar ersichtlich, dass die Knochen unglaublich klein sind. Das wahre Ausmass zeigte sich mir aber erst in der Schule im direkten Vergleich mit den Knochen des ersten Huhns. Alle Knochen sind eigentlich 1/3 kleiner. Vorallem das Brustbein ist schockierend klein und die Hälfte davon ist sogar noch Knorpel.

Am Schluss entfernte ich noch alle Reste an den Beinknochen und Flügelknochen. Dies ging sehr rasch und einfach.

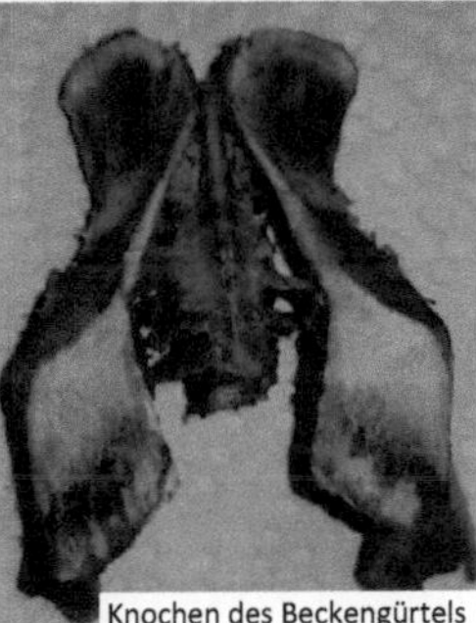
Knochen des Beckengürtels

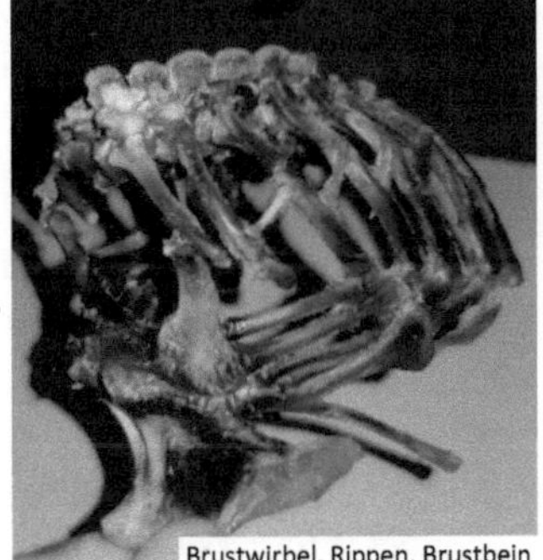
Brustwirbel, Rippen, Brustbein

3.10. Fertigstellung des Rumpfes und erster Zusammenbau des Skeletts (Mi.-Fr. 10-12.01.18)

Am ersten Mittwoch nach den Ferien holte ich den eingefrorenen Rumpf des ersten Huhns aus dem Gefrierfach und arbeitete daran weiter. Am Mittwoch konnte ich die Hüfte/ Becken fertigstellen und in der ersten Stunde der Atelierzeit am Donnerstag die Brustwirbel und das Brustbein.

Es war nun klar, dass die Knochen des zweiten Huhnes (Grillhähnchen) nicht mit jenen des ersten Huhnes zuammenpassen. Entweder muss ich die fehlenden Knochen aus einem dritten Huhn bekommen oder sie aus Karton oder so nachbasteln. Die zweite Option gefiel mir aber nicht.

Die restliche Zeit am Donnerstag verbachte ich in der Werkstatt des DG-Ateliers. Am Anfang des Projektes habe ich Herr Grob bereits gefragt ob ich den Zusammenbau des Huhnes in der Werkstatt machen könnte. Zuerst wählte ich ein geeignetes Holzstück aus und mit Herrn

Grobs Hilfe hobelte ich zuerst mit der Hobelmaschine die Oberflächen ab, anschliessend schnitten wir das Brett noch schön rechteckig zu. Eine Kante des Sockels ist schräg abgeschnitten, sodass man dort ein Täfelchen montieren könnte. Danach rundete ich mit Schleiffpapier die Kanten ab.

Am Freitag brachte ich die restlichen Knochen in die Werkstatt und begann sofort mit der Arbeit. Ich mass die Höhe der Hüften, bzw. die Länge der Beine. Dieses Mass verwendete ich, um eine Aluminiumstange in der richtigen Länge zu erhalten. Ich bohrte ein Loch in die Mitte, auf der rechten Seite des Sockels und steckte die Stange rein. Ich fertigte ein kleines Holzklötchen an, bohrte ein Loch rein und sägte ein dreieckiges

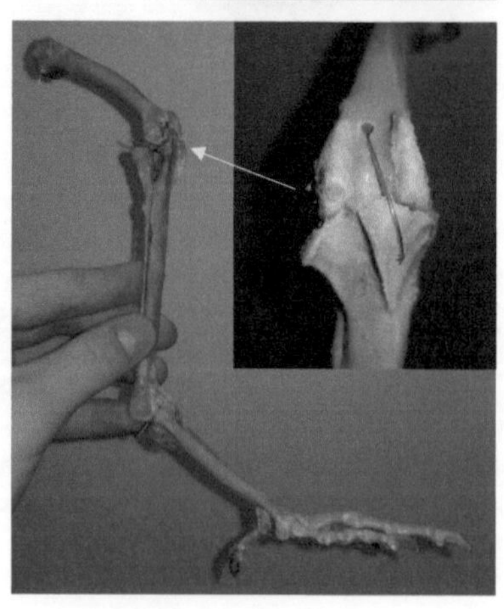

Stück auf der Rückseite aus. Ich steckte es auf die Stange, und leimte das Becken mit Heissleim darauf fest. Das Becken und das drangeleimte Klötzchen konnte ich anschliessend wieder von der Stange nehmen.

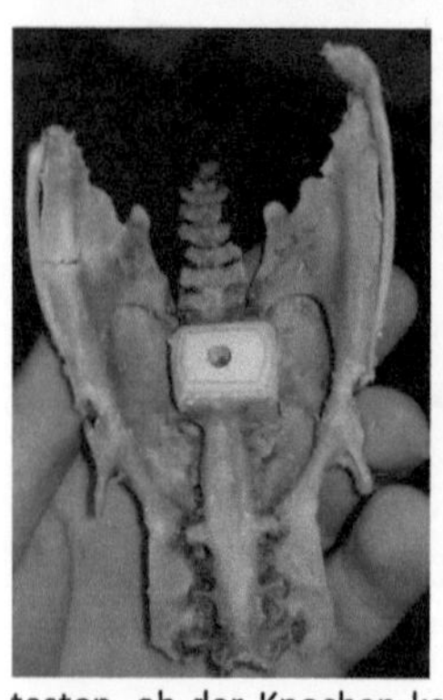

Als nächstes baute ich die Beine zusammen. Zuerst bohrte ich kleine Löcher in die Knochen des zweiten Huhnes. So konnte ich testen, ob der Knochen kaputt gehen könnte. Es klappte gut und so begann ich mit den «richtigen» Knochen. Mit dem Bohrer bohrte ich jeweils bei beiden Knochen der Gelenke ein kleines Loch. Durch das Loch zog ich einen dünnen Draht. Diesen verdrehte ich an den Enden. Am Schluss waren alle Beinknochen zusammen und ich konnte das rechte Bein bereits mit Heissleim an das Becken kleben.

3.11. Freilegung der Knochen des dritten Huhnes/ Ersatzteile (Brustwirbel, Rippen und Brustbein) (Sa./ So. 13./14.01.18)

Am Freitag besorgte ich ein weiteres Huhn. Dieses Mal kaufte ich ein Bio-Suppenhuhn direkt im Hofladen. Ich hoffte, dass dieses Mal die Knochen grösser wären. Ich backte das Huhn 50 min lang und entfernte dann die Beine, Flügel und den Hals. Wichtig waren nur Brustwirbel, die Rippen und das Brustbein. Um die Arbeit zu erleichtern, entfernte ich das Becken, welches sowieso schon kaputt war. Ich entfernte Haut, Muskeln und Sehnen.

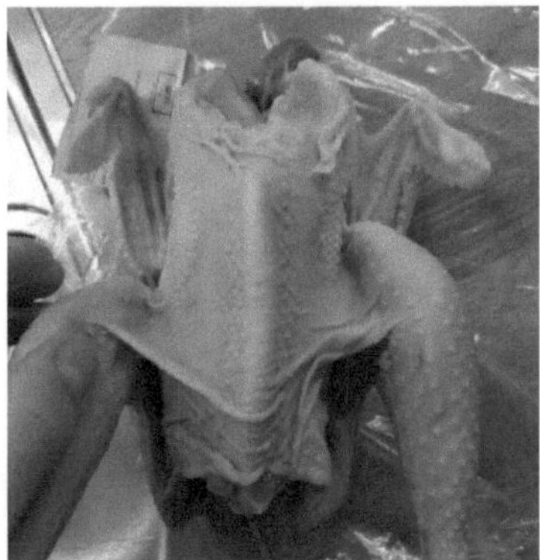

Am lägsten dauerte die mühsame Entfernung der kleinen Fasern und Reste. Ich entfernte die Schulterblätter, Rabenbeine (Coracoid) und das Gabelbein (Furcula). Diese Knochen würden bei der Arbeit stören und lassen sich anschliessend leicht wieder dran kleben.

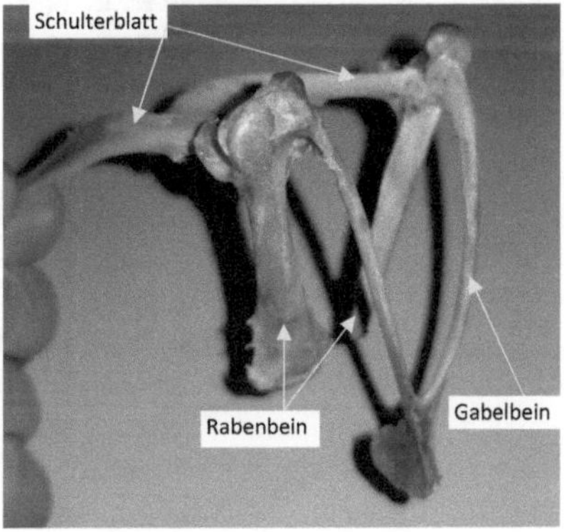

Da ich nur schwer in den «Innenraum» des Brustraumes kam, entschied ich mich, die Rippen an den Verbindungsstellen in der Mitte zu durchtrennen. Nachdem alle Knochen sauber und alle Bruchstellen repariert waren, klebte ich die beiden Teile wieder zusammen.

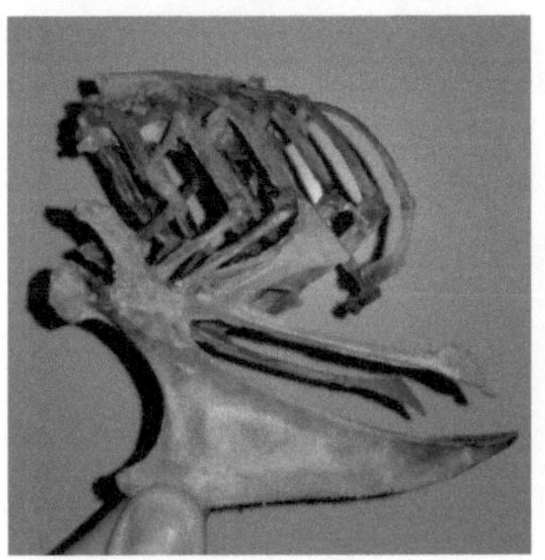

Da der erste Brustwirbel nicht verwachsen war, entfernte ich diesen ebenfalls. Wie auch die Halswirbel, werde ich diesen Wirbel später mit einer Vorrichtung befestigen. Vier Brustwirbel waren fest miteinander verschmolzen, der sechste war wiederum frei und der siebte ist bereits mit dem Synsakrum (Teil der Wirbelsäule, der mit dem Becken verwachsen ist) verwachsen. Da ich ja das Becken bereits grob abgebrochen hatte , durchtrennte ich die verwachsene Stelle beim siebten Brustwirbel sauber mit einer Säge.

Da einer der beiden Handknochen des ersten Huhnes leicht beschädigt ist, säuberte ich noch die beiden Handknochen mit den Fingern. Dieses Mal bleiben alle Finger ganz.

3.12. Weiterer Zusammenbau und Fertigstellung des Skeletts (Mi.-Fr. 17.-19.01.18 & Do. 25.01.18 & Mi. 31.01.18)

Nach dem ich die neuen Knochen Frau Wunderlin gezeigt hatte, ging ich erneut in die DG-Werkstatt. Ich befestigte das zweite Bein an das Becken und überlegte mir Möglichkeiten, wie ich die Brustknochen befestigen könnte. Dabei bestätigte sich meine Annahme, dass die neuen Knochen genau die richtige Grösse hätten. Ich schnitt eine Alustange zurecht, welche die beiden Teile verbinden würde.

Am Donnerstag verband ich dann die beiden Teile. Mit einem kleinen Schleifgerät optimierte ich die Kontaktstelle. Das Problem war der letzte Brustwirbel. Beim Beckenknochen war dieser sozusagen noch angewachsen und beim neuen Brustteil befand sich nun eigentlich der gleiche

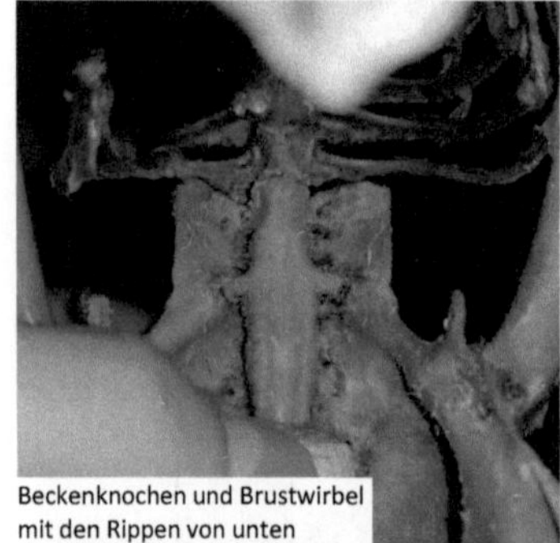

Beckenknochen und Brustwirbel mit den Rippen von unten

Knochen nochmal. Ich musste den Knochen am Becken komplett wegschleifen, um anatomische Korrektheit aufrecht zu erhalten. Am Schluss klebte ich beide Teile mit Heissleim zusammen. Die vorher erwähnte Alustange befindet sich im Knochen (dort wo das Rückenmark verlief) und liefert zusätzliche Stabilität.

Ausserdem klebte ich die Knochengruppe bestehend aus Gabelbein, Rabenbeine und Schulterblätter an die ursprüngliche Stelle.

Ich überlegte mir, wie ich die Halswirbel befestigen könnte. Stabilität, anatomische Korrektheit und Ästhetik müssten gleichermassen beachtet werden. Am Schluss entschied ich mich für eine dünne Alustange. Diese bog ich anhand des Bildes im Lehrbuch möglichst passend zurecht. Danach «fädelte» ich zuerst den ersten Brustwirbel (zuvor hatte ich ihn ja entfernt) und dann die einzelnen Halswirbel auf die Stange auf. Ich entfernte sie nachmals und bog die Stange besser zurecht. Dann steckte ich die Stange zuerst zusammen mit Leim in die Brustwirbel und liess es trocknen. Danach «fädelte» ich die Halswirbel erneut auf und leimte sie fortlaufend fest. Am Schluss schnitt ich noch das überschüssige Ende der Stange ab.

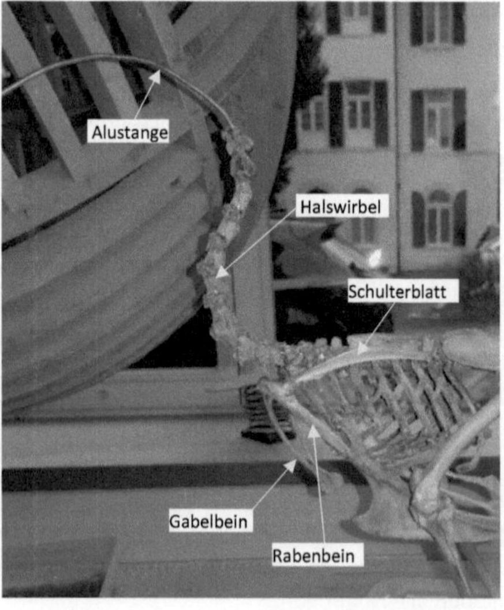

Am Freitag verband ich den Unterkiefer mit dem Rest des Schädels. Ich nutzte einen dünnen,

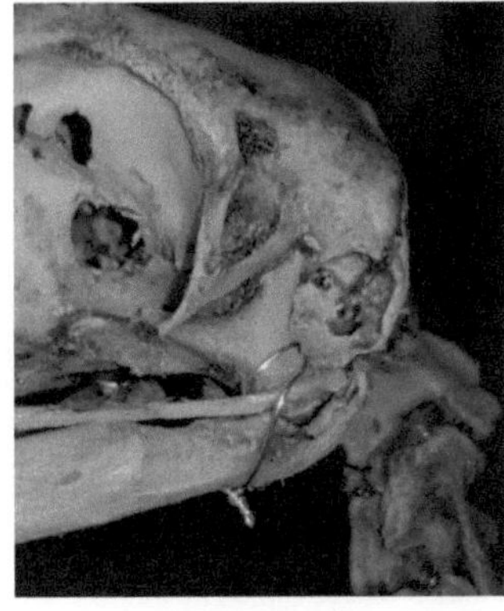

silbernen Draht um die beiden Teile zu verbinden. Danach befestigte ich den Kopf. Dazu musst ich zuerst den Heissleim zwischen den obersten drei Halswirbel aufschmelzen und die Wirbel nochmals entfernen. Der Winkel war noch zu steil. Atlas und Axis (die beiden obersten Halswirbel) mussten ein bisschen schräger verlauffen, damit der Kopf korrekt aufsitzt.

Dann drückte ich eine rechte Menge Heissleim auf das Ende der Alustange und befestigte den Kopf. Ich leimte ihn absichtlich ein bisschen zur Seite geneigt an. Der zur Seite geneigte Kopf sorgt für ein bisschen Leben bei dem sonst so steiff-toten Skelett und lässt eine bessere Betrachtungsweise zu.

Nachdem ich nochmals bei allen Kontaktstelle mit Heissleim nachgebessert hatte, holte ich den Sockel und ölte ihn mit Hartöl ein. Das Huhn ist nun fast fertig. Es fehlen nur noch die Flügel.

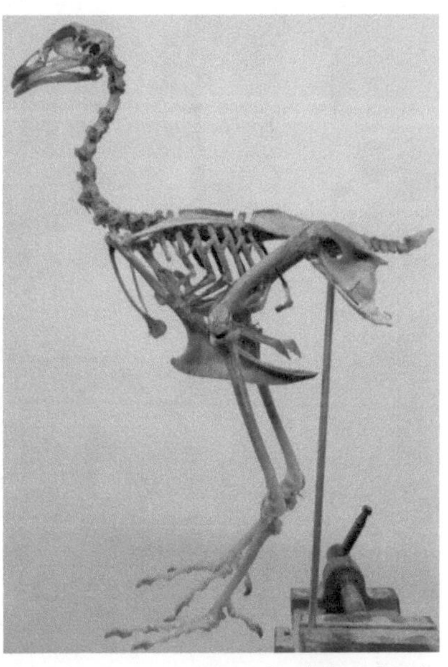

Am Donnerstag, eine Woche später, versuchte ich, die Flügel zu montieren. Dies ist aber schwerer als gedacht, deshalb wurde ich nicht damit fertig. Ich versuchte verschiedene Stelungen der Flügel aus, überprüfte sie anhand der Zeichnungen im Buch und Fotos aus dem Internet. Die Flügel könnten auf die Seite oder nach Oben ausgestreckt, oder sie könnten nach Unten zusammengeklappt sein. Ich klebte vorerst nur die Elle (Ulna) und die Speiche (Radius) zusammen. Danach überprüfte ich nochmals alle anderen Stellen, an denen ich Heissleim verwendete und besserte nach. Ausserdem klebte ich eine abgefallene Kralle an, fixierte die Alustange im Sockel und klebte die Füsse, bzw. Zehen am Sockel an. Durch das abschaben der Haut am Unterschenkel, zerbrach leider die, sowieso schon reduzierte, Fibula (Wadenbein). Aus dem Gabelbein des ersten Huhnes bastelte ich durch schleiffen und schneiden einen ähnlich ausschauenden, dünnen Knochen. Diesen befestigte ich dann mit Heissleim an die Tibia (Schienbein).

Am Schluss klebte ich das Täfelchen an die abgeschrägte Seite des Sockels. Darauf steht: Gallus gallus domesticus, Das Haushuhn.

Nun war es endlich soweit. Ich konnte das Skelett endlich fertig stellen. Durch die Vorbereitung am Donnerstag eine Woche zuvor, ging das Montieren der Flügel sehr rasch.

Elle und Speiche waren ja bereits verbunden, so musste ich bloss das Oberarmbein mit den Knochen des Unterarmes und den Unterarm mit den Handknochen verbinden. Ich bohrte erneut kleine Löcher in die Knochen und verband sie mit Draht. Danach optimierte ich nochmals die Stellung und fixierte die Verbindungen mit Heissleim. Ausserdem klebte ich den «Daumen» an. Am Schluss befestigte ich den ganzen Flügel am Schultergürtel. Ich habe die Flügel anhand dieser Skizze (links) aus dem Buch («Lehrbuch der Anatomie der Haustiere») zusammengebaut.

Abbildung B

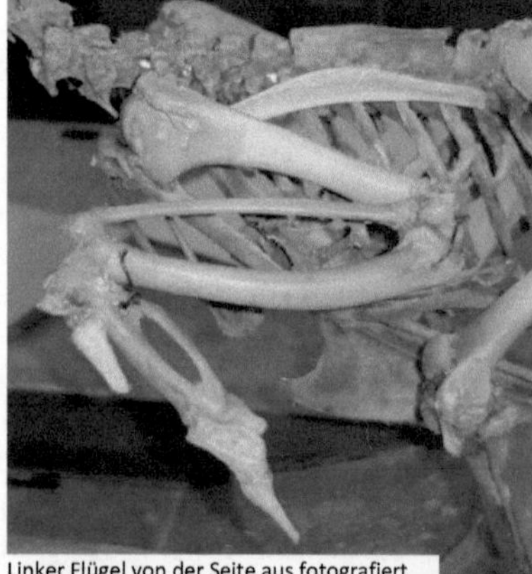

Linker Flügel von der Seite aus fotografiert

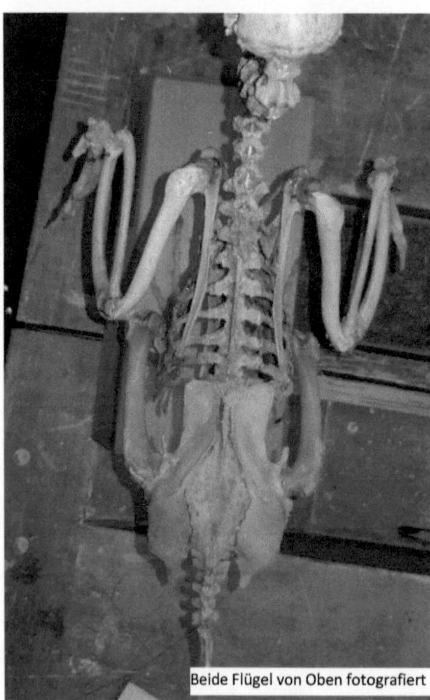

Beide Flügel von Oben fotografiert

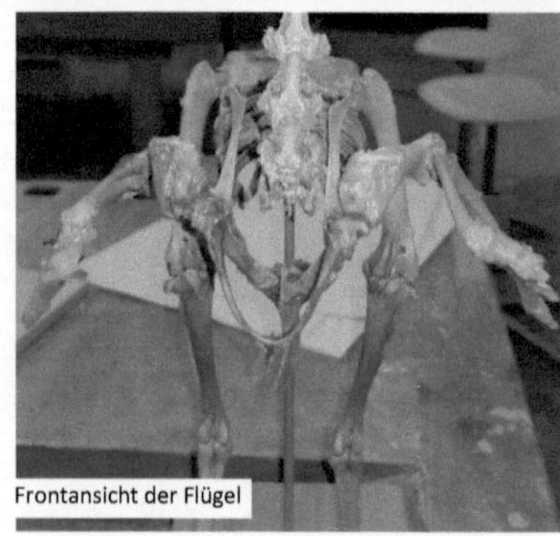

Frontansicht der Flügel

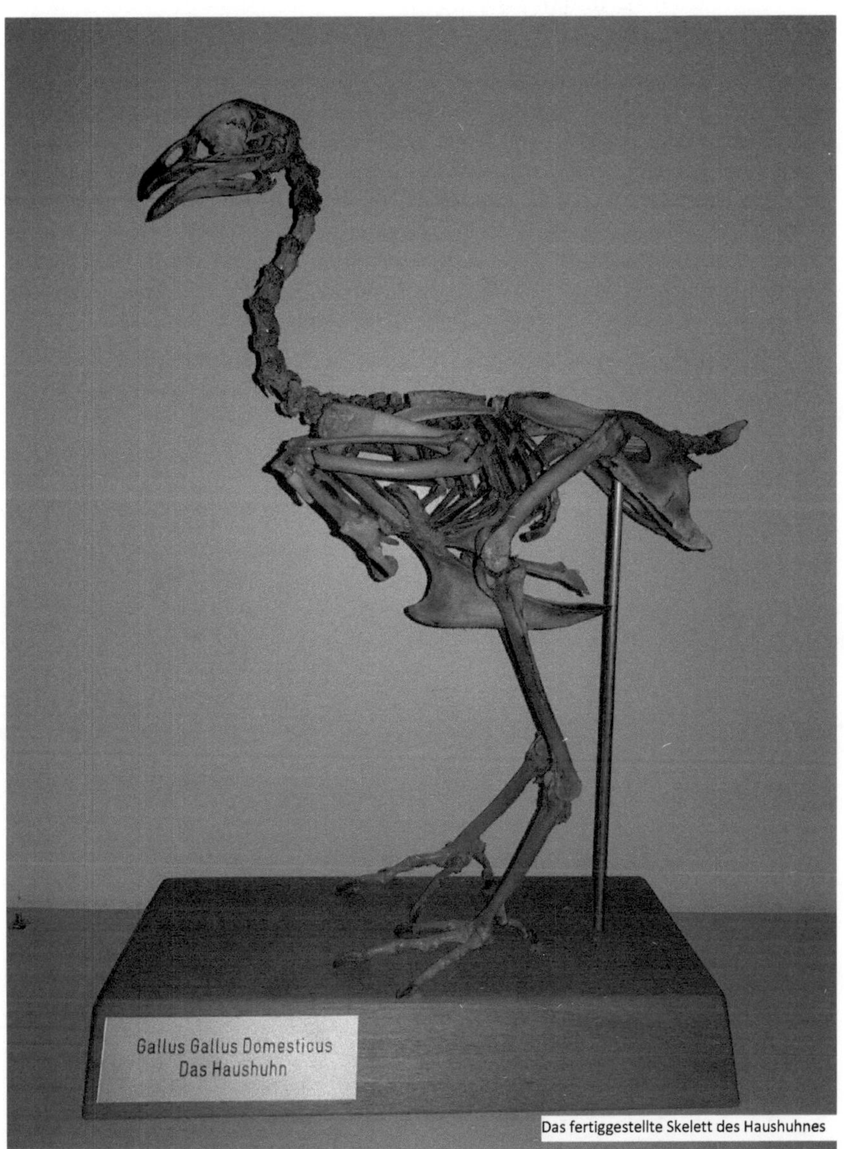

Das fertiggestellte Skelett des Haushuhnes

3.13. Das Erstellen der Poster (Do./Fr. 01.02.02.18 & Mi. 07.02.18)

Schon bei der Planung meines Projektes war das Erstellen eines (oder mehreren)Poster eines meiner Ziele. Mir persönlich ist es wichtig, dass die anderen SchülerInnen unserer Schule, welche nicht im Biologie-Chemie-Atelier sind, unsere Arbeiten am Atelierfest betrachten und vorallem auch verstehen können. Darum wollte ich unbedingt zwei Poster erstellen. Ein Poster erklärt das Herz eines Huhnes bzw. Vogels (Blutstöme im Herz und die Namen der Venen und Arterien), das zweite Poster erklärt das Verdauungssystem eines Huhnes bzw. Vogels (Lage der Organe, Funktion und Aufgabe der einzelnen Organe). Das Poster über das Herz besteht aus zwei zusammengeklebten A3 Blättern (Somit A2 Format), das Poster über das Verdauungssystem aus vier zusammengeklebten A3 Blättern (Somit A1 Format).

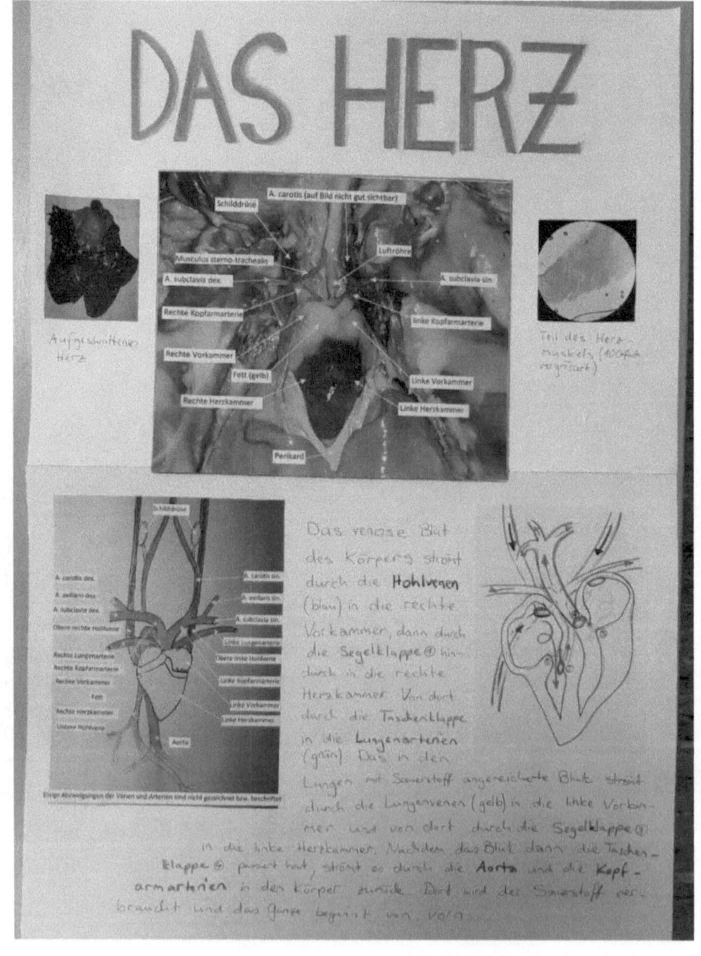

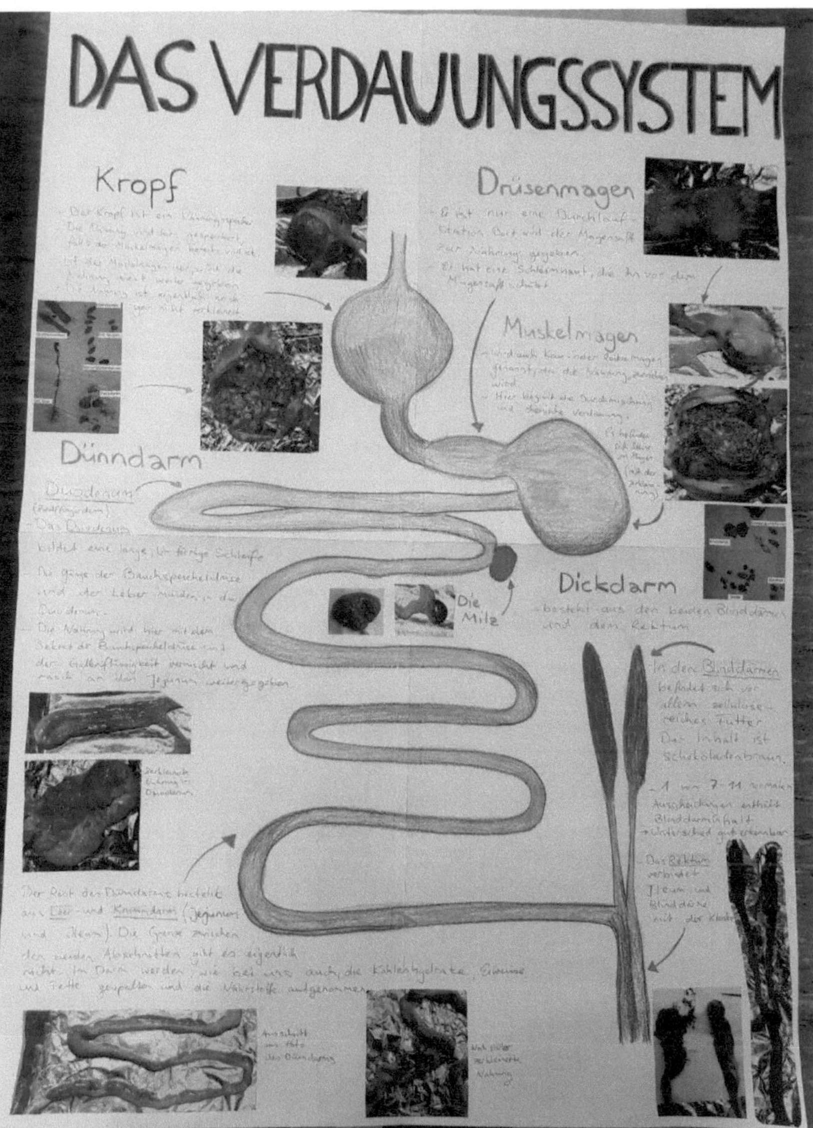

DAS VERDAUUNGSSYSTEM
Kropf
Drüsenmagen
Muskelmagen
Dünndarm
Duodenum
Die Milz
Dickdarm

3.14. Das Erstellen eines Videos/ Animation des Hühnerskeletts (Do./Fr. 08./09.02.18 & Mi.-Fr. 28.02.-02.03.18 & Mi.-Fr.07.-09.03.18 & Mi.-Fr. 14.-16.03.18 & Mi./Do. 04./05.03.18)

Da ich die Knochen schneller als erwartet zusammengebaut hatte, musste ich noch eine Erweiterungsmöglichkeit finden. Ich hatte zuerst eine andere Idee (Holzrahmen, siehe Erweiterungsmöglichkeit s. 3), fand dann aber die zweite Idee besser. Diese Idee habe ich gemeinsam mit Frau Wunderlin entwickelt. Wir fragten uns, ob es eventuell möglich wäre, das Hühnerskelett «zum Leben zu erwecken». Wir überlegten, wie man das Skelett bzw. ein Foto davon bearbeiten könnte, sodass ein Video entsteht, in welchem das Huhn zu laufen scheint.

Am Mittwoch Abend habe ich Herr Löning (Lehrer BG-Atelier) gefragt, ob ich am nächsten Tag zu ihm ins Atelier kommen könnte, um das Vorhaben zu besprechen.

Im Atelier besprachen wir die beiden Möglichkeiten. Der erste Weg wäre das Fotografieren der Knochen in verschiedenen Positionen. Diese Fotos würden dann zusammengehängt ein Video ergeben. Da die (meisten) Knochen aber mit Heissleim fixiert sind, schloss ich diese Möglichkeit aus. Somit blieb der zweite Weg. Ich müsste ein Foto des Skeletts mehrere Male neu bearbeiten (Ausschneiden eines bestimmten Abschnitts, dann neu ausrichten) und dann abspeichern. Mehrere diese Bilder zusammen ergeben dann ein Video. Diese Arbeit dauert zwar sehr lange, aber das Ergebnis kann sich (wenn man gut gearbeitet hat), sehen lassen.

Am Donnerstag lernte ich zuerst einmal die Grundfertigkeiten mit dem Programm «Adobe Photoshop» und probierte das erste Mal mit dem Programm zu arbeiten. Ich erstellte ein Video, in dem sich der Kopf des Huhns bewegt. Dieses Video besteht aus zehn einzelnen Bildern.

Am Freitag probierte ich zwei Bewegungen in einem Video darzustellen. Es gelang mir, dass sich der Kopf bewegt (Nick- bzw. Pickbewegung) und sich gleichzeitig der Hals senkt. Dieses Video besteht ebenfalls aus etwa zehn einzelnen Bildern, dieses Mal musste ich aber viel mehr bearbeiten, da vor allem die Halsbewegung schwer war (ich musste die Bewegung auf die einzelnen Halswirbel verteilen).

Am nächsten Mitwoch (28.02.) benutzte ich das gleiche Foto wie am Donnerstag und schnitt mit den «Werkzeugen» das Huhn aus, sodass am Schluss das ganze Huhn auf einem weissen Hintergrund ist. Diese relativ kurz erscheinende Arbeit ist aber für einen Photoshop-Anfänger wie mich sehr mühsam und dauerte die ganze Atelierzeit.

Am Donnerstag versuchte ich dann die einzelnen Elemente (Beine, Kopf usw.) auszuschneiden und zu animieren, was aber durch die neuen Umstände mit dem weissen Hintergrund nicht mehr gleich funktionierte wie bisher. Ich musste die alten Tastenkombintionen wieder auffrischen und neue lernen.

Am Freitag konnte ich dann schnell und erfolreich arbeiten. Ich entschied mich, alle Elemente (Oberschenkel, Unterschenkel, Fuss, Rumpf usw.) auf einzelne Ebenen zu legen. Das heisst alle Elemente können unabgängig voneinander bewegt werden und, der Anordnung entsprechend, übereinander geschoben werden. Ich schnitt das linke Bein (vorne auf dem Bild) aus und teilte es in drei Teile (Oberschenkel, Unterschenkel und Fuss und legte diese Ebenen vor die Ebene mit dem Rumpf. Da aber, sobald man das Bein verschiebt, eine weisse Fläche zum Vorschein kommt (dort wo das Bein vorher war), musste ich diese Stellen rekonstruieren. Diese Rekonstruktion machte ich durch Kopieren anderer Stellen des Knochens und Einfügen an der gewünschten Stelle und mit dem «Pinsel»-Werkzeug.

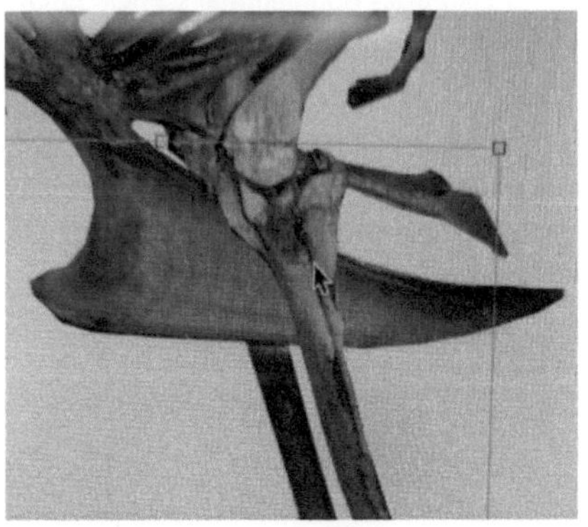
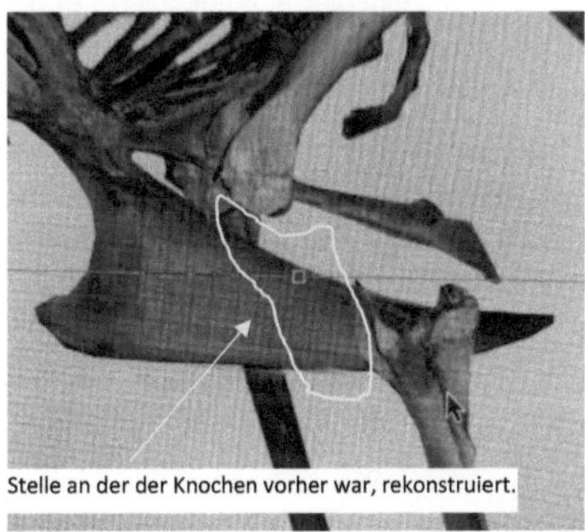

Das Gleiche musste ich auch bei den Rippen, die hinter dem Knochen waren, machen. Da das hintere Bein nicht richtig sichtbar ist, kopierte ich Ober- und Unterschenkel des vorderen Beines und setzte sie auf die Ebene hinter dem Rumpf. Den Fuss des hinteren Beines konnte ich verwenden. Nun kann ich mir der Animation beginnen, die nun viel schneller geht als ohne die Ebenen.

Am darauffolgenden Mittwoch (07.03.) benutzte ich das vorbereitete Material und bearbeitete das Foto so, dass am Schluss 22 Einzelbilder ein Video ergaben. In diesem Video hob das Huhn das Bein.

Am Donnerstag arbeitete ich daran weiter und es entstand ein Video in dem das Huhn von der Mitte des Bildes nach links aus dem Bild heraus läuft. Dieses Video besteht aus 84 Einzelbildern. Ausserdem habe ich den Ton (Hühnergegacker) aus einen Youtube-Video genommen und in mein Video eingebaut.

Am Freitag erweiterte ich das Video noch einmal. Das Huhn läuft nun von der rechten Seite ins Bild und dann auf der linken Seite wieder aus dem Bild. Auch hier habe ich wieder den Hühnerton eingefügt. Nachdem ich das Video gerendert hatte (to render=etw. machen/ wiedergeben. Ein Vorgang der das Video abschliessend bearbeitet.), konnte ich es als mp4-Datei speichern.

Am darauffolgenden Mittwoch (14.03.) begann ich nochmal von vorne, da ich neben der Laufbewegung auch die charakteristische Kopfbewegung miteinbeziehen wollte. Da nun zwei voneinander getrennte und trotzdem abhängige (Kopf bewegt bei jedem Schritt) Bewegungen zusammenspielen, war Konzentration und auch Geduld gefragt. Bei jeder Schrittbewegung musste ich mir überlegen, was der Kopf gerade macht und dann die Bewegung des Kopfes auch Schritt für Schritt auf die einzelnen Standbilder verteilen. Um die Arbeit zu erleichtern habe ich den Hals nur in drei Teile geteilt, was im schlussendlichen Video nicht auffällt oder stört.

Am Donnerstag war die Atelierzeit wegen einer Veranstaltung verkürzt. Ich arbeitete in dieser knappen Stunde einfach weiter.

Am Freitag beendete ich das angefangene Video. Das heisst ich fügte alle Standbilder (diesmal ca 70) in die Videoleiste und kopierte es dreimal. Nun läuft das Huhn einmal schnell durchs Bild, dann einmal langsam (damit die einzelnen Bewegungsschritte sichtbar sind) und am Schluss noch einmal schnell.

Am Mitwoch (04.03.) und Donnerstag optimierte ich das endgültige Video, fügte den Ton hinzu und erweiterete das Video auf Durchläufe. So läuft das Huhn zuerst schnell druch das Bild, dann einmal ganz langsam, dann zwei Mal schnell, mit der Einblendung eines Videos von echten Hühnern und am Schluss noch zwei Mal schnell ohne Einblendung.

Hier kann man das fertige Video auf Youtube anschauen:

https://www.youtube.com/watch?v=nLD5uKoarhw

Zusatz

Als zusätzliche künstlerische Umsetzung meines Projektes habe ich das Skelett mit Bleistift abgezeichnet.

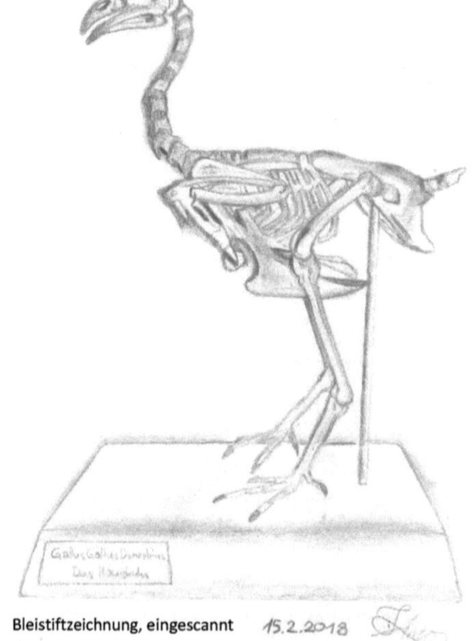

Bleistiftzeichnung, eingescannt   15.2.2018

4. REFLEXION ÜBER DIE ATELIERZEIT

-Wie hat sich das ursprünglich gewählte Thema entwickelt? Hat sich die Fragestellung verändert und wenn ja, wie bzw. warum?

Durch den langen Zeitraum, den das Projekt eingenommen hat, konnte ich am Anfang nicht genau sagen, wie lange die einzelnen Arbeitsschritte dauern würden. Darum konnte ich die anfänglichen Ziele früher als gedacht fertig stellen und mich an ein zusätzliches Ziel (Animation des Skeletts) heranwagen. Im laufe der Zeit habe ich gemerkt, dass ich immer mehr in die Thematik eintauche und mit einem wacheren Bewusstsein in meinem Projekt und auch im Alltag den Hühnern begegnete. Das Thema konnte ich am Schluss genau so umsetzen, wie ich mir es vorgestellt hatte. Meine ursprüngliche Fragestellung hat sich eigentlich nicht verändert, sondern einfach um einen Punkt erweitert.

-Welche Probleme traten auf?

Ich hatte Glück und es traten nicht sehr viele Probleme auf. Ich hatte drei bedeutende Problemsituationen. Das erste Problem stellte sich bei der mikroskopischen Betrachtung des Herzmuskels (Kapitel 3.6.) heraus. Ich konnte bei keinem meiner vier Versuche die Querstreifen des Herzmuskels erkennen. Bis jetzt weiss ich leider immer noch nicht, was wirklich falsch gelaufen ist. Das zweite Problem war die Säuberung der Knochen (Kaptiel 3.7.). Sie dauerte sehr lange. Es lag wahrscheinlich daran, dass ich die Knochen gekocht und nicht im Backofen erhitzt hatte. Beim zweiten und dritten Huhn verwendete ich den Backofen, was gut funktionert hat. Es kann auch sein, dass ich die Knochen schlichtweg zu kurz gekocht hatte. Obwohl die Säuberung lange dauerte, was das Ergebnis trotzdem in vollem Umfang erreichbar. Das dritte Problem war, dass das zweite Huhn (Grillhähnchen, Kapitel 3.9.) zu klein war. Das Problem konnte mit der Freilegung der Knochen des dritten Huhnes behoben werden.

-Was wurde erreicht?

Erreicht wurden alle anfänglichen und zusätzlichen Ziele. Ich führte eine Sektion des Huhnes durch, betrachtete die Organe, säuberte die Knochen und baute sie zum Hühnerskelett zusammen. Danach erstellte ich zwei Poster für das Atelierfest (eines über das Verdauungssystem und eines über das Herz). Das zusätzliche Ziel, das Erstellen eines Videos konnte auch erreicht werden. Dabei lernte ich neue Herangehensweisen an technische Probleme und ich lernte auch das Programm Photoshop kennen.

-Was wurde nicht erreicht?

Ich konnte alle Ziele erreichen. Da einzige was nicht klappte war die mikroskopische Betrachtung der Querstreiffen des Herzmuskels. Ausserdem hatte ich keine Zeit, die Erweiterungsmöglichkeit (Rahmen mit Folie, auf der die Umrisse das Huhnes sind) umzusetzen.

-Was würden Sie an Ihrem Projekt verbessern/ weiterführen wollen?

An den erreichten Teilen meines Projektes sehe ich keinen Verbesserungsbedarf. Was natürlich nicht heisst, dass es keine Verbesserungsmöglichkeiten gäbe. Man kann immer alles noch effizienter und tiefer betrachten, jedoch bin ich mit dem Erreichten sehr zufrieden. Weiterführen würde ich, wenn es die Möglichkeit dazu gäbe, die Bertrachtung der Organe. Ich würde gerne mehrere Hühner anschauen und vergleichen, ich würde gerne Hahn und Henne vergleichen und die Entwicklungsprozesse der Kücken im Ei verstehen wollen. Auch das Videoprojekt könnte man noch weiterführen und mit dem Huhn noch ganz andere Bewegungen ausprobieren. Man könnte das Video so bearbeiten, dass das Huhn ein Ei legt oder in einem Fussball kickt.

-Welche Ratschläge würden Sie einem Nachfolger mit auf den Weg geben?

Ich würde ihm empfehlen, von Anfang an ein gutes Zeitmanagement zu führen und mehrere Erweiterungsmöglichkeiten zur Hand haben, falls man schneller als erwartet fertig wird. Ausserdem ist unbedigt zu beachten, das ein Huhn für den Zusammenbau nicht reicht, da beim Aufschneiden des Brustraumes die Knochen sehr wahrscheinlich kaputt gehen werden. Also sollte man am Besten zwei oder im Notfall auch drei Hühner einplanen.

FAZIT

Ich bin sehr zufrieden mit dem Gesamtergebnis, auch wenn ich bei einzelnen Arbeitsschritten mit anderen Methoden vielleicht schneller oder auch besser das Ziel erreicht worden wäre. Ich habe sehr viel über das Haushuhn gelernt und habe es genossen, mich nur auf ein Thema zu fokkusieren. Ich habe verschiedene «Werkzeuge» benutzen können, wie zum Beispiel Skalpell und Mikroskop aber auch ein Computerprogramm wie Photoshop.

Ein sehr grosser Gewinn war für mich die interdisziplinarische Herangehensweise an das Projekt. Ich war zum einen ganz klassisch im Biologielabor tätig, konnte aber auch das Skelett im DG-Atelier zusammenbauen und das Video im BG-Atelier erstellen. Somit lernte ich die Arbeitsstimmung in diesen Ateliers kennen und konnten neue Leute kennen lernen. Vor allem beim Erstellen des Videos waren mir ab und zu andere Schüler bei technischen Fragen behilflich. Auch Herr Grob (DG) und Herr Löning (BG) haben mir ab und zu geholfen, obwohl ich ja zu diesem Zeitpunkt nicht ihr Schüler war. Ich finde man sollte sich genau den Arbeitsplatz und Hilfe suchen den man braucht, um das Projekt umzusetzen. Darum betrachte ich dieses interdisziplinarische Arbeiten für mein Projekt als gewinnbringend und empfehle jedem, der ein solches Projekt macht, es auch so zu tun. Als erstes sollte man einfach die betreffenden Lehrpersonen anfragen.

Abschliessend kann ich sagen, dass das Projekt, obwohl der «Tod» eine solch wichtige Rolle spielt, sehr lebhaft und abwechslungsreich war.

5. QUELLEN

Literaturquellen:

-Kückenthal, Will; Renner Maximilian: Leitfaden für das Zoologische Praktikum, Gustav Fischer Verlag, 1980, Stuttgart; New York.

-Schummer, August; Nickel, Richard; Seiferle, Eugen: Lehrbuch der Anatomie der Haustiere (Band 5, Anatomie der Vögel), Verlag Paul Parey, 1992, Berlin; Hamburg.

Bildquellen:

Abbildung A (Legedarm), Seite 12: http://www.welsumerklub.ch/anatomie.html (08.04.18).

Abbildung B (Flügelposition), Seite 35: Lehrbuch der Anatomie der Haustiere (siehe oben).

Alle anderen Fotos und abfotografierte Zeichnungen habe ich selber erstellt bzw. sind von mir.